1862
2012

ADRIANO SALANI EDITORE
Da 150 anni più felici con un libro

A Wanja

Un cane non appartiene a nessuno.
Solo la sua disponibilità all'amicizia
e la capacità di amare
gli permettono
di donare
ciò che non appartiene a nessuno.

MAIKE MAJA NOWAK

Prefazione

Sono una viaggiatrice del tempo.

Conosco il tempo prima della svolta e quello venuto dopo.

Quando l'ovest è arrivato a est mi aspettavo grandi cose.

E, invece, un punto cardinale in meno e cento tipi di yogurt in più, tutto qui.

Per imparare cose nuove, dal radioso avvenire dovevo viaggiare a ritroso.

Indietro di cent'anni.

In un mondo fatto di stagioni.

Di raccolti.

Di attrezzi da lavoro.

Di schiene curve.

Di orgoglio serale.

In aereo fino a Mosca.

In treno attraverso la notte, verso la cittadina di Sasovo.

Con una macchina scassata lungo strade accidentate che finiscono nel nulla.

Con un carro tirato da un cavallo, attraverso le foreste russe.

Con le mie gambe, in un paesaggio senza sentieri.
Con i piedi nella sabbia del villaggio di Lipovka.
Fino a una grande casa di legno.
La mia casa, dal 1991 al 1997.

All'inizio, in primavera, arrivò Wanja.
Al disgelo nuotava nell'acqua ghiacciata del fiume.
Un cane pezzato dagli occhi intelligenti.
Un cacciatore, dicevano i contadini.
Un abitante dei boschi.
Rimase con me.
Nella mia casa di legno.

Lo avrebbero seguito altri messaggeri di una nuova vita.

I cani Alma, Anton, Felix, Laska, Bambino, Husar, Chico, Miloj, Baba, Diek e Wasja, che giunsero da me per vie miracolose.

Me li mandava qualcuno perché imparassi una lezione importante?

O si trattava soltanto di un caso bizzarro?

Quando una contadina si offrì di predirmi il futuro, rifiutai incredula la sua proposta. E ne sono felice, perché così continuai la mia carriera di cantautrice, ignorando il futuro di allevatrice che mi attendeva.

Altrimenti avrei osservato con la stessa imperturbabilità Wanja, mentre guidava quel branco di cani sempre diversi? Avrei avuto la calma sufficiente per NON trarre conclusioni e accettare semplicemente la loro compagnia? Ogni mestiere dà sfogo all'ambizione.

Oggi la gente mi chiede spesso: «Che metodo adotta con i suoi cani?»

Allora rispondo anch'io con una domanda: «Che metodo adotta con i suoi amici?»

Nella tendenza umana a escogitare un metodo per qualsiasi cosa si nasconde senz'altro un istinto primordiale, un desiderio di efficienza e di risparmio d'energie. Ma in alcuni ambiti la ricerca di un metodo ci impedisce di guardare più da vicino le cose e di vederle per quello che sono. E di lasciarci sorprendere dal nostro istinto.

Ovviamente ho dovuto imparare anch'io alcuni metodi e seguirli, prima di poterli rifiutare. Ad esempio, dopo aver studiato la psicologia canina ho insegnato alla mia scuola, il Dog-Institut, l'addestramento al guinzaglio secondo manuale: quando il cane tira, fermatevi oppure cambiate direzione. Ma questi metodi erano talmente frustranti sia per il cane sia per l'essere umano, anche solo per andare dal punto A al punto B, che cominciai a chiedermi come il mio capobranco Wanja avrebbe risolto una situazione del genere. Lui a un cane non avrebbe detto dove correre, bensì dove *non* correre. Cominciai a dichiarare tabù lo spazio troppo lontano da me e all'improvviso i cani si misero ad andare proprio dove volevo. All'inizio ringhiavo quando dicevo 'stop', ma poi decisi di sostituire questo verso con uno più umano, 'sssh'. Mi aveva sempre ripugnato l'idea di trasformare il cane in una macchina per mezzo degli stimoli condizionanti, impedendogli di utilizzare la sua lingua. Per quanto riguardava l'addestramento, mi allontanai sempre più dai contenuti didattici elaborati dall'uomo, concentrandomi interamente sul modo in cui i cani comunicano e si educano l'un l'altro. Dopodiché cominciai a ideare una possibile applicazione 'umana' di quanto avevo appreso.

Oggi 'seduto!' e 'a cuccia!' mi sembrano scemenze che

non utilizzo mai con i miei cani. Quello che mi interessa infatti è che un cane si fermi e venga da me in *qualunque* situazione, quando glielo chiedo. In questo modo riesco a controllare la mia Frieda sia quando caccia, sia quando esercita la difesa del branco. Affermare che un cane è ingovernabile per via della sua razza o dei suoi istinti è solo un alibi. Si finisce per dimenticare che quello stesso cane si lascerebbe guidare tranquillamente dal capobranco.

Ho visto con i miei occhi Wanja convincere dieci cani a seguirlo con un solo richiamo, per evitare conflitti con gli altri cani di campagna. Non aveva metodi né segreti – solo mansuetudine, indipendenza, lealtà e fermezza. Tutte qualità che lo rendevano un vero capobranco.

Wanja e gli altri cinquemila cani con cui ho lavorato nel frattempo – ecco i maestri da cui ho appreso ciò che insegno ora. Solo dopo aver abbandonato l'idea che gli uomini potessero conoscere meglio i cani dei cani stessi, ho cominciato a 'vedere' realmente questi animali. Mi hanno mostrato limiti fondamentali, fraintendimenti, scoperte e vie praticabili. Ma, soprattutto, mi hanno insegnato a essere sempre vigile e attenta. A non restare vincolata ai metodi che finiscono per impedirti di vedere tutta una serie di cose e di situazioni in cui i metodi non funzionano. Cosicché questo libro non propone metodi per addestrare i cani, ma indaga i nostri rapporti con loro e le modalità per portarli avanti.

Ogni giorno le persone cui faccio visita mi aprono la porta di casa e, talvolta, anche il loro cuore. La chiave è sempre un cane. E il problema – la mancanza di una lingua in comune.

L'essere umano discende da creature che per rivendicare il proprio status si battevano il petto ed emettevano suoni inarticolati. Perciò non possiamo che imparare dal modo amichevole e indipendente in cui si comportano i cani.

Comandare può essere facile – se si impara a farlo in maniera nuova.

Vi auguro buon divertimento.

Maike Maja Nowak

Saluti

È una donna attraente sulla cinquantina, assomiglia a una ragazza. Esile, i capelli serici raccolti in uno chignon. Misteriosi occhi scuri a mandorla che mi scrutano. La voce è sorprendentemente profonda per un corpo così fragile.

«Meno male che è arrivata, mi sento sollevata. Il mio Boris mi fa impazzire. Spero proprio che lei possa aiutarlo». Il tono è cordiale e allegro.

Boris, un piccolo levriero italiano, abbaia timidamente da sotto il tavolo.

Il mio sguardo si sofferma sull'arredamento, stranamente sparpagliato qua e là. Tutto sembra essere a portata di mano, ma la sensazione complessiva non è di un ambiente accogliente. Un divano addossato al muro da una parte, una poltrona abbandonata in un angolo. Il tavolo pare aver preso le distanze dalla finestra. Le sedie che, teoricamente, dovrebbero stare intorno al tavolo, sono sparse nella camera accanto. Tutte le pareti sono di un bianco abbagliante. Un ragazzo se ne sta appoggiato allo stipite della porta con aria indifferente. È lui l'unica decorazione.

Quando i nostri sguardi si incrociano, mi saluta con un cenno del capo.

La donna è appena tornata da un viaggio e racconta di essere rimasta bloccata a lungo in un ingorgo.

«Lui è Peter» dice, presentandomi il ragazzo decorativo. «Guidava lui. Io non ho la patente» e abbellisce la frase con un sorriso civettuolo, facendo capire che altre cose le sembrano più importanti che avere la patente.

«Il mio piccolo Boris si agita terribilmente quando incontriamo altri cani. Comincia ad abbaiare come un indemoniato e io non riesco quasi a trattenerlo. Non posso nemmeno sedermi in un caffè, senza che si metta a ringhiare a ogni cane che passa. Deve piantarla» dice, accarezzandolo teneramente sulla testa. «Però purtroppo non la smette». Nella sua voce risuona un'indifferenza che contrasta con quelle parole di rincrescimento.

Voglio vedere con i miei occhi come si comporta, così usciamo. Un suo decrepito compagno di razza arranca sul marciapiede opposto dell'ampia Kastanienallee, accanto a un padrone altrettanto attempato.

Boris stringe tra le zampe la coda striminzita tipica della sua razza, trema e abbassa le orecchie impaurito. Poi si mette ad abbaiare non verso l'altro cane (che peraltro è piuttosto lontano), ma per precauzione in tutte le direzioni, come se da un momento all'altro potessero spuntare cani ovunque, come funghi su un prato.

La donna tira con tutte le sue forze, il guinzaglio sembra sul punto di spezzarsi. «Boris, non fare così, sciocchino. Non vedi che ci guardano tutti?»

Ma Boris, spronato da quel tono che pare di lode, abbaia sempre più forte, digrignando i denti.

Ci rifugiamo nel grande cortile della casa, immerso nel verde. Non ho ancora aperto bocca che la donna sguinzaglia il cane. Boris sparisce immediatamente in un cespuglio. Poi lo vediamo schizzare come un fulmine da sinistra a destra per scomparire di nuovo. Non ci degna di uno sguardo. Potremmo essere rapite da un marziano o inghiottite dalle profondità della terra, non se ne accorgerebbe nemmeno.

«Lo chiami qui, per favore» dico alla signora.

Mi guarda stupita e ribatte civettuola, con la sua voce bassa e ben modulata: «Ma tanto non verrebbe».

«Allora può andare a prenderlo lei?» e fisso con aria decisa il ragazzo che sbadiglia annoiato. Anche lui mi guarda stupito, sebbene per altri motivi. Poi si alza controvoglia e, con premeditata lentezza, si avvia alla ricerca di Boris. In effetti, dopo un po' torna con lui.

«Adesso le mostrerò le basi fondamentali del mio modo di addestrare i cani» annuncio, rendendomi subito conto di come questa frase convenzionale non le faccia né caldo né freddo. Di fronte al suo sguardo sognante svanisce, come i pistilli di un soffione.

«Boris resterà fermo dove voglio e nel frattempo io andrò in giro».

Il ragazzo mi fissa con interesse.

La donna socchiude la bocca.

Metto il guinzaglio a Boris, lo accompagno fino a una coperta stesa in mezzo al prato, faccio un movimento quasi impercettibile ma molto deciso con la testa per fargli capire che non si deve spostare di lì e continuo a camminare.

Boris mi guarda meravigliato, ci pensa un po' e poi mette una zampa giù dalla coperta. Allora lo ammonisco con un verso speciale e gli sbarro lo spazio che vorrebbe prendersi, avanzando verso di lui di un passo. Lui rimette la zampa sulla coperta e, dopo essersi dato una scrollatina, si lascia cadere accucciandosi.

Siamo costretti a interrompere l'allenamento, perché Boris si è addormentato. Evidentemente il viaggio è stato stressante anche per lui.

La signora rimane a bocca aperta. Il ragazzo invece si sporge in avanti per assistere meglio alla scena.

«Eppure non ha fatto praticamente nulla» esclama la donna in tono perplesso.

«Al contrario» ribatto, indicando il cane. «Ho usato la sua lingua».

«E perché adesso se ne sta lì e dorme?» La voce del ragazzo risuona per la prima volta in assoluto.

«Perché mi sono accollata le sue funzioni e ora si fida di me, spero».

Gli faccio notare che Boris non solo è un cane facile da addestrare, ma anche molto intelligente. «Non va liscia così alla svelta con tutti» dico, per ridimensionare la cura-lampo.

Io e la signora ci diamo appuntamento sul terreno del Dog-Institut per allenarci con la mia cagna Frieda. Voglio mostrarle come convincere Boris a smettere di attaccare.

«Ma come faccio a trovare questo terreno?» domanda all'improvviso la signora, con un'espressione assolutamente infantile.

«Ha intenzione di venire con i mezzi pubblici?» le chiedo a mia volta.

«Mah, forse» risponde.

«Dalla stazione della S-Bahn Wollankstraße sono trecento metri. Può dare un'occhiata al sito internet».

«Oh, ho messo quell'affare da qualche parte e devo ancora collegarlo. Meno male che me l'ha ricordato. Devo telefonare assolutamente a Günther o a Thomas» dice più a se stessa che a me.

«Be', può guardare anche sulla mappa della città o della metropolitana» le suggerisco.

Mi fissa irresoluta. «Non si preoccupi, troverò qualcuno che mi procuri l'una o l'altra. Posso anche farmi portare in macchina. Non è un problema».

Arriva accompagnata da un uomo più anziano di lei alla guida. Indossa una giacca elegante che le mette in risalto la figura e dà l'impressione di essere leggerissima. La mattina autunnale è piuttosto fredda.

L'uomo riparte, salutandola con la mano.

Boris traccia alacramente traiettorie sul prato, fiutando intorno e ignorando totalmente la padrona, appesa all'altro capo del guinzaglio. Vedendo che si sono allontanati di circa duecento metri, li chiamo. «Guardi che poi può venire qua per l'allenamento».

«Ma come faccio, il cane tira dall'altra parte» risponde con una nota di autentica disperazione nella voce. È tanto indifesa quanto graziosa. Ci credo che gli uomini in sua presenza diventino tutti cavalieri!

«Venga qui e basta. Vedrà che il cane la seguirà» grido in tono pragmatico. «Ecco, proprio così» la incoraggio. L'andatura è ancora molto esitante.

Appena arrivata, le offro una sedia pieghevole. Voglio spiegarle che non è Boris a dover cambiare atteggiamento.

Ma lei non lo sospetta neppure.

Meglio che resti seduta, mentre glielo faccio vedere.

*

Prendo il guinzaglio e mi metto a camminare con Boris sul prato. Mantenendo un'andatura tranquilla, con una meta precisa, gli faccio capire che ho la situazione in pugno e che so cosa bisogna fare. Lui prende subito il mio passo, non si impunta, né si mette a fiutare.

Quando guarda in su, gli sorrido o borbotto: «Bravo, cane, bravissimo». Siamo una bella squadra, ma – ovviamente – non sempre la fiducia scatta a prima vista, come con lui. È come con le persone: quando la chimica funziona, va tutto a gonfie vele.

Intanto la signora sta a vedere che succede. Ma le sue ciglia restano abbassate, come se ci osservasse da dietro una veneziana. Ogni tanto controlla come le cade la giacca. Nonostante tenti di riscaldarsi le mani sfregandole, lancia un'occhiata di raccapriccio alla coperta che le offro e rifiuta.

Piegando leggermente il busto in avanti e occupando lo spazio davanti a lui, faccio capire a Boris che deve restar fermo a cinque metri di distanza dalla mia macchina.

Boris si accuccia.

Non appena apro lo sportello, sporge immediatamente la testa, perché ha visto saltare fuori la mia cagna Frieda. «Ssst» lo ammonisco, guardandolo severamente. I fifoni hanno bisogno di una guida carismatica e di autoconsapevolezza. La prima posso fornirgliela io, la seconda la acquisirà a ogni nuova situazione che imparerà a padroneggiare.

Mi metto a passeggiare insieme a Frieda.

Boris si slancia in avanti. Allora gli riprendo immediatamente lo spazio proibito che ha occupato, ricacciandolo indietro verso la coperta. A Frieda invece ordino di aspettare.

La mia cagna si lascia cadere sul prato, rivolgendomi uno sguardo ammiccante: «Allora, un altro cane malato?» sembra domandare.

Boris inizia ad abbaiare istericamente. «Ehi!» grido in tono deciso e lo spingo da parte con due dita.

Smette subito di abbaiare.

Prendo il guinzaglio e ricomincio a camminare con lui sul prato. Ogni volta che lancia un'occhiata a Frieda, gli do un segnale di avvertimento. Deve imparare a ignorare gli altri cani.

Soprattutto se stanno sbirciando il sole autunnale con aria assonnata.

Corriamo verso Frieda, finché non la raggiungiamo. Senza smettere di correre, raccolgo il suo guinzaglio. Boris vorrebbe saltare addosso a Frieda alle mie spalle, ma io, senza aprire bocca, gli metto una gamba piegata sotto al naso. A poco a poco comincia a rispettare la nuova regola – ignorare l'altro cane – e si tranquillizza.

Adesso possiamo passeggiare tutti e tre insieme sul prato.

La signora sorride. «Caspita, è proprio in gamba! Ma allora Boris è guarito?» domanda.

Scoppio in una risata. «No, ci sono ancora molti altri cani che la aspettano! Ormai Boris ha interiorizzato questo comportamento e, prima di 'guarire', deve riuscire a disimpararlo. Volevo solo farle vedere come è in grado di abbandonare le vecchie abitudini alla svelta, quando gli vengono fornite sicurezza e regole precise».

«Ma non ne sono capace» esclama la donna, spaventata.

«Se devo essere sincera, anch'io sono dell'opinione che sia ancora troppo presto».

Mi guarda sorpresa. «Troppo presto per cosa?» mi domanda in tono incerto.

«Troppo presto per lei» rispondo con aria amichevole. «La conosco da poco tempo, quindi potrei benissimo sbagliarmi, ma finora ho avuto l'impressione che lei non voglia assumersi responsabilità e che si senta più tranquilla se sono gli altri ad agire al posto suo. Eppure, se desidera che io lavori con lei, deve cominciare a farlo immediatamente sia per quanto riguarda Boris, sia in tutte le altre situazioni».

«Ma come fa a saperlo dopo così poco tempo? Quel che dice è vero» replica, fissandomi con sincerità.

Resto un po' stupita nel vedere che ha capito subito a che cosa mi riferisco.

«E se Boris si trasformasse in un'occasione per affrontare esperienze nuove?» rispondo con una controdomanda. «Sarei davvero felice se si decidesse a questo passo e farei qualsiasi cosa per aiutarla».

Ma lei scuote scettica la testa: «Incredibile che ci abbia messo così poco ad accorgersene. Va bene, ci penso e poi le faccio sapere».

Dopo quest'accordo, silenzio totale.

«Non è che sarebbe così gentile da riportarmi a casa?» mi domanda, vedendo che sto andando via anch'io.

Ha l'aria di un bambino che si è perduto nella giungla della metropoli.

Ovviamente le do un passaggio e la saluto, certa di non

rivederla mai più. Ma sento di aver preso stranamente a cuore il suo caso. Compassione – ecco la parola giusta per ciò che provo.

In effetti dopo un po' si fa sentire, a modo suo. Un uomo mi telefona: «La padrona di Boris che abita nella mia stessa via mi ha parlato molto bene di lei. Posso fissare un appuntamento?» Poco dopo una signora si iscrive a un mio corso e racconta: «Sa, incontro sempre la padrona di un piccolo levriero italiano, ogni volta mi ripeteva che dovevo assolutamente rivolgermi a lei».

Nel frattempo sono trascorsi mesi e mesi e ormai, grazie alle sue raccomandazioni, mi ritrovo con una trentina e passa di clienti in più.

Colgo l'occasione per salutarla.

Sono sempre qui che aspetto LEI.

La coppia

L'uomo lo noto subito durante il corso. Malgrado sia sui quarant'anni, ha l'aria di un ragazzo esile. Ha il doppio mento, anche se non è affatto grasso, e questo dettaglio toglie al suo viso ogni traccia di mascolinità. L'angolo della bocca è eternamente rivolto all'ingiù, in un'espressione ironica. Gli occhi guardano il mondo con scetticismo e un briciolo di disprezzo.

Sua moglie è una biondina sottile che si affanna intorno a lui, cercando di compiacerlo in ogni modo. Il suo compito è disinnescare senza sosta le bombe che il marito dissemina in ogni frase, quando parla con lei o con qualcun altro.

«Ma questa è un'idiozia» sbotta ad esempio, riferendosi a un esercizio con il cane che si rifiuta di eseguire – come tutto il resto, d'altronde.

«Ma no, guarda che funziona. Prova almeno una volta, lo dicono nel nostro interesse» bisbiglia la moglie e si mette a svolgere l'esercizio al posto suo.

Frequentano il corso dei cuccioli, insieme a un jack russell terrier che dovrebbe far faville alle mostre canine. Esprimendo questa speranza, la moglie ha il volto raggiante. Un anno dopo mi telefona per dirmi che, nel frattempo, il jack russell ha cominciato a litigare in continuazione con il loro vecchio fox terrier. Lei non sa più che fare.

Quando gli faccio visita, mi ritrovo davanti due cani che, in realtà, non hanno nulla l'uno contro l'altro, ma molto contro i ruoli che gli vengono assegnati quotidianamente. La moglie è molto ferita dalla preferenza smaccata che il marito nutre per il jack russell. Visto che in questo momento non è a casa, può parlarne apertamente. Mi fissa sgranando i suoi enormi occhi azzurri e intanto mi pone varie domande sensate.

Partendo dal presupposto che tra i cani debba esserci una specie di parità, lei finisce per peggiorare la situazione viziando il fox terrier.

Così, grazie ai loro padroni, i due cani si ritrovano tra l'incudine e il martello.

Ricorrendo a una serie di esempi, cerco di spiegarle come mai tra i cani non esiste parità di diritti. Se un capobranco dimostra la sua simpatia a un altro cane, mettendosi a giocare o a ruzzolare con lui, ciò non significa che si comporterà automaticamente così con tutti. Spetta a lui infatti decidere a chi dare confidenza. Il cane dimostrerà l'incontrovertibilità della sua decisione irradiando serenità, o energia positiva. La cattiva coscienza di una persona si esprime al contrario in una corrente di energia negativa, che il cane non riconoscerà come tale, bensì come qualcosa che coincide sempre con la presenza dell'altro cane. Perciò ne dedurrà che con lui c'è qualcosa che non va e che bisogna dargli una lezione.

Provate a immaginarvi la situazione seguente. Il vostro capo vi sta facendo a quattr'occhi i complimenti per il lavoro svolto, quand'ecco che nella stanza entra un vostro collega. Siccome vuole essere complimentato anche lui, si siede sulla scrivania e si piazza tra di voi. Il capo si rivolge immediatamente a lui, mettendosi a fargli lodi sperticate e dimenticandosi di colpo della vostra esistenza. Se questa situazione si ripetesse più volte al giorno, comincereste sicuramente a provare antipatia per quel collega. Ma anche il vostro capo vi sembrerebbe imprevedibile e manipolabile e non vi fidereste più di lui. O magari comincereste anche voi ad attirare la sua attenzione come ha fatto il collega, cioè passando davanti agli altri. Da lì a breve nel vostro ufficio non ci sarebbe più pace.

Il fox terrier e il jack russell si trovano nella medesima situazione. Non c'è da stupirsi che finiscano per azzuffarsi, se uno dei due si intromette quando l'altro viene coccolato.

Mostro alla signora come deve comportarsi. Chiamo il fox terrier e comincio ad accarezzarlo. Il jack russell si precipita a reclamare il suo posto. Lo scaccio senza considerarlo minimamente e vado avanti a coccolare il fox terrier. Con la coda dell'occhio vedo che è rimasto sconcertato e che vuole tentare un altro assalto. Allora gli lancio un'occhiata severa, accompagnata da un borbottio di avvertimento. Lui capisce subito e se ne torna nella cesta.

Intanto mi lascio andare a ostentate manifestazioni d'affetto nei confronti del fox terrier. Lo accarezzo, gli faccio i complimenti e gioco con lui, per dimostrare alla padrona che il jack russell è in grado di mantenere la calma, se messo di fronte al fatto compiuto.

Poi vado nell'altro angolo della stanza e chiamo il jack russell, che arriva scodinzolando, con aria docile e tranquilla. Si avvicina e mi lecca estasiato il mento.

Anche il fox terrier si avvicina, perché vorrebbe continuare a giocare. Ma basta dargli un'occhiata di avvertimento e si blocca, inclinando la testa di lato. Dopo un po' si sdraia, osservando me e il fox terrier.

La moglie è sbalordita perché, normalmente, i cani si sarebbero già azzuffati. Le chiedo di fare esattamente quello che ho fatto io, per dimostrarle che le cose andranno nello stesso modo, finché sarà lei a prendere le decisioni.

«E se poi i cani si mordono di nuovo, quando non ci sono?» domanda, stupita della rapidità del risultato.

«Se si comporta con i cani nel modo giusto, non avranno più motivo di mordersi. Non sono né prepotenti, né aggressivi. Anzi, la cosa straordinaria è che siate riusciti a farli azzuffare» aggiungo.

Voglio vedere chi dei due è dotato di maggiore autocontrollo. Contenendo i loro movimenti (a tale proposito, si veda il capitolo *Breve prontuario canino* a pag. 215), gli ordino di restare in cucina ed esco dalla stanza insieme alla moglie. Il jack russell si sdraia e resta immobile, il fox terrier invece, prima di decidersi a rimanere in cucina, prova cinque volte a trotterellarci dietro. Ha il respiro affannoso, è chiaro che ha perso il controllo.

Se il jack russell non sembra tenerci troppo a decidere da solo, il fox terrier al contrario si sente responsabile per qualsiasi cosa e si preoccupa per la sicurezza della padrona ogni volta che lei esce dal suo campo visivo.

«Dobbiamo fissare assolutamente un altro appuntamento con suo marito» dico. «Solo così potrò fargli capire a che punto è dannoso favorire così smaccatamente il jack russell e assegnargli una posizione che in realtà non ha. Ma anche lei dovrebbe smettere di attribuire al fox terrier il ruolo del protettore, lo fa sentire troppo responsabilizzato. Lui non può che fraintendere i suoi tentativi di compensazione».

Ci accordiamo per una data in cui anche il marito sarà a casa e le chiedo di non cercare di convincerlo a tutti i costi della giustezza delle mie opinioni, perché vorrei essere io a farlo. Conoscendo la sua tendenza al dileggio, temo che sia in grado di demolire quanto ho fatto finora per aiutare sua moglie a comprendere meglio la situazione.

«Ciò che conta è che almeno uno di voi due assuma l'atteggiamento giusto per far sì che non ci siano più incomprensioni tra i cani».

Mi guarda sconcertata: «Ma io *devo* spiegare a mio marito come si fa. Anche se poi lui non mi darà mai retta».

«Proprio per questo non gli spiegherei un bel nulla, se fossi in lei».

Vorrei aggiungere che per lui non sarebbe comunque facile sbarazzarsi della sua sfiducia e del suo sarcasmo, ma taccio. Se togliamo all'improvviso il martello a un carpentiere che è abituato a sbrigare tutto con quest'arnese, anche per avvitare una vite lui vorrà indietro il suo martello e si rifiuterà di usare il cacciavite.

Mi torna in mente una scena a cui ho assistito nello sperduto villaggio russo dove ho vissuto per anni dopo la caduta del Muro. Si trattava di una coppia con una dinamica analoga, benché i loro problemi fossero completamente diversi.

Il vecchio Kolja era alcolizzato. Al di là del bisogno fisico di bere, per lui l'alcol era come uno strumento da lavoro, utile in tutte le situazioni. Ad esempio, prima di falciare l'erba e dopo aver falciato l'erba, prima di mungere le mucche, mentre mungeva le mucche e dopo aver munto le mucche. Oppure la sera prima di addormentarsi e la mattina al risveglio, mentre litigava con sua moglie Nura, quando faceva troppo freddo o troppo caldo.

Da cinquant'anni Nura lottava invano contro il vizio del marito. Era convinta che prima o poi, con le sue minacce, punizioni e raccomandazioni, sarebbe riuscita a farlo smettere e nulla poteva toglierle questa certezza. La sera a casa gli snocciolava prediche sui danni dell'alcol. La si sentiva fin dalla strada. Peccato che Kolja ormai non le desse retta da un pezzo.

Spesso lo seguiva per il villaggio – una spia armata di grembiule, bastone e fazzoletto in capo – camminando rasente ai muri per coglierlo con le mani nel sacco, mentre comprava da una vecchietta una bottiglia di vodka distillata in casa.

Ma poi Nura perse la vista a causa di una cataratta. In seguito a quest'avvenimento (che le precluse per sempre i suoi pedinamenti) Kolja si sbronzò per una settimana di fila. Allora Nura decise di cambiare strategia. Acciuffava il marito per il lembo posteriore della giacca e, ancorandosi a lui, lo seguiva passo dopo passo. Ma Kolja, da quel bonaccione che era, non si lasciò scoraggiare e imparò a ignorare non solo le prediche quotidiane della moglie, ma anche la sua stessa presenza. Una volta comprò una bottiglia di vodka, scordandosi che Nura era lì, appesa alla sua giacca. Dalla rabbia lei divelse un'asse malferma dallo steccato che circondava l'abitazione della distillatrice e riportò a casa il marito, picchiandolo con l'asse. Ma Kolja teneva ancora nella sinistra la bottiglia che Nura non poteva vedere. Così, mentre filava a più non posso, cercando di schivare i colpi, beveva anche qualche goccetto senza farsi notare.

Inutile sforzarsi di sottrarre agli altri ciò che non sono disposti a cedere. Invece stabilire dei limiti, questo sì, è possibile.

Dopo quella visita ricevo una e-mail dalla moglie. Scrive che è da un pezzo che vorrebbe cambiare lavoro e che le piacerebbe tanto occuparsi di cani. Fa la cassiera in un supermercato e non ha mai avuto il coraggio di cercarsi un altro posto. Ma adesso, dopo aver letto sul mio sito che nel 2000 ho cambiato completamente mestiere, incoraggiata dalla mia esperienza, proverà a vedere se c'è qualche possibilità.

Quando varco per la seconda volta la soglia della loro casa, il marito si è già messo in posa, seduto su una sedia della cucina. Gambe divaricate, bacino in avanti, braccia incrociate sul petto. Impossibile non notare il suo sguardo sarcastico.

Gli illustro i risultati delle ultime ore.

«Lo so, mia moglie me l'ha già detto» replica in tono sprezzante.

Gli dico di fare quello che sua moglie ha fatto l'ultima volta. Si alza con ostentata lentezza e chiama il jack russell. Il cane gli salta addosso, mordendogli la manica della camicia senza un briciolo di rispetto. L'uomo lo accarezza.

«Lo accarezza perché gli manca di rispetto?» osservo.

L'uomo sbuffa. Se solo potesse, sprizzerebbe rabbia da tutti i pori.

«Rispetto. Ma non mi faccia ridere. Vuole soltanto giocare con me».

Resto zitta, perché prima voglio che concluda l'esercizio.

«Lo vede che l'altro rimane sdraiato? Quando ci sono io, non si mordono!», esclama, indicando il fox terrier che non prova nemmeno a richiamare su di sé l'attenzione.

«E se ribaltassimo la situazione? Questo sì che sarebbe interessante: lei accarezza il fox terrier e manda via il jack russell» propongo in tono tranquillo.

L'uomo fa un gesto con la mano, come per dire: niente di più facile.

Ordina al jack russell di restare seduto e chiama il fox terrier. Il cane lo fissa spaventato e resta dov'è. In compenso, il jack russell si slancia in avanti e salta addosso al padrone.

«No, non è il tuo turno» esclama. Il jack russell pensa che il padrone approvi la sua richiesta di attenzione e si mette ad abbaiare più forte.

Il fox terrier china la testa e non si muove di un passo. «Forza, vieni qui» gli ordina l'uomo, irritato. Ha già perso tutta la sua sicumera. Il fox terrier distoglie lo sguardo. Si capisce al volo che ha paura e si sente insicuro.

Comunico al padrone la mia impressione.

«Sciocchezze. Non ha affatto paura di me. Si comporta così perché mia moglie è qui. Lei lo vizia» insorge.

«Non è vero. Con te è quasi sempre spaventato!» ribatte lei e arrossisce, spaventata dal suo coraggio.

Infuriato, l'uomo si rimette seduto.

«Tesoro, ma lo sai anche tu che ha paura! Quando deve andare a passeggio con te, non vuole mai. Non avevamo detto che bisognava fare qualcosa?» lo supplica la moglie.

Ma lui esprime tutto il suo sdegno incrociando le braccia sul petto.

La moglie è imbarazzata dalla situazione e mi chiede se posso fare una prova con loro in strada, perché in genere il jack russell tira il guinzaglio come un disperato.

«Ma se non gli mettiamo mai il guinzaglio!» interviene il marito.

«Appunto» ribatte la moglie, «perché lui non vuole. Ma se lo portiamo alle mostre, dovremo pur farlo».

«Per quel che mi riguarda, può andare benissimo senza» dichiara.

In strada non fa neppure in tempo a mettergli il guinzaglio che il jack russell comincia a saltare come uno yo-yo, addentando l'impugnatura e la manica della sua giacca.

«Vuole sempre giocare» afferma.

«No, non è questo il punto. Gli dispiace che vengano posti dei limiti alla sua libertà di movimento, perché è lui a comandare e non lei» ribatto.

Mi offro di fargli vedere come si porta un cane al guinzaglio. L'uomo me lo cede, facendo spallucce.

Siccome il jack russell vorrebbe slanciarsi in avanti com'è abituato a fare, lo spingo indietro, con un tocco lieve sul petto. Mi fissa sbalordito e balza ancora una volta in avanti. Stavolta mi giro verso di lui, gli blocco molto risolutamente lo spazio e poi riprendo a camminare tranquilla. Funziona. Il cane rimane indietro (al corso di addestramento al guinzaglio che tengo presso la mia scuola, insegno questo trucco a ogni squadra uomo-cane insieme alle mie collaboratrici).

La moglie non riesce a contenere lo stupore: «È incredibile, funziona. Di colpo ha smesso di tirare il guinzaglio».

«D'accordo, lei è capace perché non fa altro tutti i giorni. Ma se ci proviamo noi, figuriamoci se funziona».

«È solo questione d'esercizio. Anch'io ho imparato col tempo» ribatto.

Il marito prende malvolentieri il guinzaglio. All'improvviso il cane comincia a balzargli addosso, a saltare in avanti e di lato. Lui lo insegue e, da dietro, cerca di riprendere in mano la situazione.

«Ehi, basta, non tirare! Fermo! Resta qui! Lo vede che è inutile? Gliel'avevo detto, può anche non funzionare. Non l'abbiamo mai fatto, come fa il cane a capire? E non funzionerà mai, finché mia moglie è qui. È lei che deve imparare, con me non fa tutte queste scene...»

Intanto dà strattoni al guinzaglio come un ossesso, finché al cane non viene un crampo al collo.

Faccio un respiro profondo e, fissandolo, gli dico: «È normale che non ci riesca ancora, visto che si sta esercitando. Altrimenti potrebbe anche risparmiarselo. Cerchi di mantenere la calma e di concentrarsi su quello che fa. Se il cane si slancia in avanti, gli blocca lo spazio così, punto. Provi a fare come le ho detto, se non funziona, potrà sempre dire che i miei consigli non valgono nulla».

«Guardi che ho letto come si conducono i cani al guinzaglio» ribatte.

«Me lo immagino» rispondo. «Ci sono libri a bizzeffe sull'argomento. Ma di strattoni al guinzaglio ne ha già dati parecchi e non mi sembra che la situazione sia cambiata di una virgola».

La moglie scuote la testa, il marito tace, offeso.

«Posso fare un esperimento con lei?» gli domando. Lui si stringe nelle spalle incerto.

Allora lo prendo per la manica della giacca e comincio a camminare. «Adesso immagini di essere un cane, la sto portando a spasso al guinzaglio. Ogni volta che fa qualcosa che non va, le do uno strattone alla manica». Non appena lo faccio per davvero, l'uomo mi lancia un'occhiata aggressiva.

«È solo un esempio. Ma se gliela tirassi dieci volte di fila, si innervosirebbe e si domanderebbe perché non le spiego semplicemente *cosa* voglio da lei. Se non vuole lasciarsi trascinare dal cane, deve occupargli lo spazio che ha a disposizione, questa mossa lo blocca automaticamente».

«Ah, quindi il cane dovrebbe corrermi dietro tutta la vita? Neanche per sogno. Così non lo potrei tenere d'occhio» sbotta infuriato.

«Non è che debba correrle dietro per forza tutta la vita, l'importante è che impari a farlo ora» ribatto. «Non si ricorda quando frequentava la scuola guida? Prima di cambiare le marce e dare gas, le avranno sicuramente insegnato a tenere il volante in mano».

«Sapevo già guidare» mi interrompe.

«Guardi che nei manuali si parla di condotta al guinzaglio proprio perché c'è qualcuno che conduce e qualcuno che è condotto» proseguo. «Come prima cosa, deve convincere il suo cane che è in grado di condurlo e che vuole farlo. E il modo migliore è farlo camminare dietro di sé. Così può portarlo dove vuole, basta solo spiegargli che non deve tirare il guinzaglio. Il cane non può saperlo, perché il capobranco non porta gli altri al guinzaglio. Ma, in compenso, sa di potersi muovere liberamente finché il capobranco non ha qualcosa in contrario. Prima di spiegargli cosa vuole da lui, deve riuscire a farsi accettare come guida».

Non appena l'uomo riprende in mano il guinzaglio, il jack russell si slancia in avanti, gli salta addosso e lo tira di qua e di là, abbaiando.

«Che disastro! Non funzionerà mai, farà sempre così!

Perché tutt'a un tratto dovrebbe capire che deve comportarsi altrimenti? Non può funzionare, non sono in grado...» esclama, mentre balla con il cane dando strattoni al guinzaglio. «Qui! Vieni qui!!! Quiiii!» grida, dandosi una pacca sulla gamba.

«Si ricordi che in questo modo il cane non capisce che cosa *non* va. Se grida 'qui', capisce soltanto dove deve andare, ma non che *non* deve tirare il guinzaglio».

«La smetta con questi cavilli!» urla fuori di sé, scaraventando il guinzaglio a terra.

La moglie cerca di calmarlo: «Ma non hai visto che con Maja ha capito subito? Con lei non si è mai comportato così, tesoro. Prova almeno *una* volta, come ti ha fatto vedere».

Ma lui incrocia le braccia.

«Che cos'è che la fa così infuriare da impedirle di provarci un'altra volta?» domando come ultimo tentativo.

«Non funzionerà mai, nemmeno se mi esercito» replica e se ne va.

La moglie è agitatissima.

«Adesso è davvero fuori di sé. E dopo sarà anche peggio!»

Fissandola, dico con cautela: «Se riuscisse a perseverare nella sua decisione, sarebbe davvero meraviglioso. Per dare una svolta alla sua esistenza e cambiare lavoro, come mi ha scritto, le ci vuole molto coraggio. Forse nei cani potrà vedere come in uno specchio la forza che ha già e quella che ancora le manca. Se riuscirà a tener fede ai suoi propositi e a migliorare il suo rapporto con i cani, loro reagiranno in modo positivo a quel che fa *lei*, indipendentemente da come si comporta suo marito. Lasci che sia lui a decidere come trattare gli altri e, di conseguenza, come essere trattato. Se continua a sprecare energie per calmarlo e tenerlo a bada, non ne avrà mai a sufficienza per cambiare la sua vita. Suo marito deve decidere da solo se cambiare o meno. Lei non può farlo al posto suo. Può solo decidere se cambiare la *sua* vita».

La donna mi guarda, poi prende il guinzaglio del jack russell. Ovviamente, continua a tirare e a saltare di qua e di là, eppure lei padroneggia tranquillamente la situazione, si vede che sta facendo progressi. Il cane comincia a girarsi verso di lei mentre corre e a reagire positivamente ai tentativi di contenimento. Se il trucco non funziona sempre, dipende più che altro dall'atteggiamento insicuro della padrona. Comunque è già in grado di accompagnare il cane per trecento metri a guinzaglio lasco.

«Dobbiamo tornare per forza a casa» dice alla fine della lezione. «È mio marito che ha i soldi».

Il marito sta discutendo con un addetto alla rimozione dei rifiuti. La moglie gli chiede di darmi i soldi e lui me li porge, senza alzare lo sguardo e senza aprire bocca.

L'indomani ricevo una e-mail della moglie.

Il marito si è messo a vezzeggiare ancora più ostentatamente il jack russell, per dimostrare che la strada giusta è la sua. Di conseguenza i cani si azzuffano sempre più spesso. Lui sembra esserne particolarmente soddisfatto e lei non sa più che fare.

«Gliel'ho detto» rispondo. «Se qualcosa non va, bisogna dire 'stop'. Vedrà che funziona. I cani dovrebbero averglielo già insegnato».

Il re più piccolo al mondo

Vado a fare una visita a domicilio sull'isola.
Il ponte azzurro scintilla.
È domenica.
Wolgast è immersa nel silenzio.

Mi fermo davanti a una casa in affitto, in una delle vie spettralmente deserte della città. Apro la porta che dà sul cortile. Il contrasto con l'esterno mi coglie impreparata.

Donne col grembiule, che chiacchierano e ridono sedute su una panchina. Bambini chiassosi, sporchi di terra. Quattro uomini che parlano gesticolando di questioni tecniche. Un ragazzo che ripara una bicicletta rovesciata sulla sella. Una vecchietta seduta su uno sgabello a pelare patate.

Il mio arrivo congela la scena. Tutti mi fissano, l'attesa dipinta in volto.

«Buona domenica. Dove posso trovare i B.?» domando rivelando così il motivo della mia irruzione. «Ah, è lei l'allevatrice di Berlino» esclama un uomo del gruppetto. «Udo, scendi! È arrivata!» grida una donna, guardando in alto. Poco dopo dalla finestra del quarto piano spunta un ciuffo biondo. Appartiene a un tizio più alto di me di due teste che, da lì a qualche minuto, mi accoglie in casa sua con un sorriso imbarazzato. Grande, grosso e ciula – ecco come chiamavano i tipi così quand'ero piccola. Mi fa entrare, dopodiché lascia l'incombenza dei convenevoli alla giovane moglie.

«Grazie di essere venuta» esclama sollevata, «ormai non riusciamo più ad avere ospiti per colpa del cane. Ogni volta che qualcuno entra in casa comincia a fare così». In effetti, il sottofondo di un cane che abbaia – dal tono si direbbe un terrier – è inequivocabile.

«Un paio di volte ci ha persino morso. Alla sera, quando ceniamo, salta sul tavolo e ci porta via le cose».

«Mentre siete a tavola?» chiedo sbalordita.

La donna non riesce nemmeno a dire di sì per l'agitazione e annuisce con la testa. «E se cerchiamo di mandarlo via, se la prende con noi».

Resto a bocca aperta per lo stupore. Certo che il cane deve avere una vitaccia alle spalle per comportarsi così.

«Lo abbiamo salvato noi, era in Spagna in un canile, volevano abbatterlo. Non vogliamo darlo via. A parte questo, è molto affettuoso» aggiunge, quasi vergognandosene.

«Be', allora fatemela vedere, la belva» li incoraggio, visto che la coppia mi guarda con aria impaurita e speranzosa.

«Dobbiamo farlo entrare?» chiede la moglie.

«Sì, certo» rispondo.

La donna afferra la maniglia. Tira in lungo l'operazione, come se si aspettasse da me un ripensamento.

Dalla porta appena socchiusa sbuca fuori un piccolo muso imperioso. Il cane mi arriverà al ginocchio. Digrignando i denti mi si slancia contro e rinuncia all'idea di darmi un morso al polpaccio solo all'ultimo momento.

Sembra un pennello dalle setole ispide e nere. Con quegli occhi tondi come bottoni sarebbe davvero buffo, se non avesse le pupille dilatate dal terrore.

È tipico dei cani di taglia piccola fare una gran baraonda per nascondere la propria paura. Perciò decido di ignorarlo, anzi di ostentare una certa noia, e seguo la giovane coppia in salotto.

In quell'esatto secondo una palla rossa rotola da un angolo all'altro della stanza e mi finisce tra i piedi. Da dove sbuca fuori? Non vedo nulla che ne spieghi l'apparizione, e sì che i mobili addossati contro le pareti permettono una vista completa del salotto e della moquette. Se non fosse per il cane che abbaia e i due giovani accanto a me, la scena avrebbe un che di surreale.

D'un tratto sul pavimento si muove qualcosa. Da sotto la poltrona balena un pannolino bianco cui stanno attaccate due gambette grassocce che si dimenano freneticamente. Un bambino, rimasto incastrato! Ma i genitori non sembrano preoccuparsene troppo.

Con una mossa energica riesce a liberarsi e si gira paonazzo verso di noi. Scoppia in una risata, mettendo in mostra i suoi due unici incisivi.

«E tu chi sei?» chiedo incantata, con un tono un po' da vecchia zia. Il bambino prende la rincorsa con tutt'e due le braccine, abbassa la testa come un toro e parte di corsa, gattonando fino ai miei piedi. Con la manina assesta una pacca alla palla che rotola fino in corridoio. La seconda botta invece mi arriva sul piede. Penso che l'abbia fatto inavvertitamente, ma mi sbaglio. Siccome non ho ancora fatto in tempo a spostarmi (e a lui non è venuto in mente di aggirarmi), il bambino mi rifila una serie di colpi, accompagnandoli con un'occhiata di sbieco, come se guardasse un grattacielo sopra la sua testa. Allora mi scanso e lui va in corridoio, gattonando con le quattro zampe grassottelle.

Qualche secondo dopo si sente un'altra botta alla palla. Buuum!

«Ma quanti mesi ha?» domando, meravigliata che un esserino così minuscolo possa essere così sicuro e spedito nei movimenti. «Dieci» risponde orgogliosa la giovane madre. «È l'unico in casa per cui il cane ha un certo rispetto» aggiunge. «Non si è mai azzardato a dargli fastidio. Forse perché è chiaro che qui dentro il re è lui» osserva ridendo.

«Guardi che un cane non riconoscerà mai un bambino come capo» esclamo spaventata. «Se finora l'ha lasciato in pace, è solo grazie a un caso fortunato, dovuto forse a un istinto protettivo verso il più piccolo del branco. Ma non dovete farci affidamento. Anzi, con un cane così insicuro bisogna stare sempre in guardia, alle volte è sufficiente un malinteso banale perché succeda una disgrazia».

«Ma non li lasciamo mai soli, ci mancherebbe» mi assicura il marito.

Intanto i latrati del terrier hanno raggiunto un'intensità tale che, per proseguire la conversazione, siamo costretti a urlare.

«Da quand'è che il cane si comporta così con gli ospiti?» grido alla moglie seduta accanto a me.

«Lo ha fatto fin dall'inizio!» risponde urlando. «E va sempre peggio!» grida il marito, seduto nella poltrona di fronte, con le mani a imbuto davanti alla bocca per farsi sentire meglio.

«Adesso provo a fare una cosa e poi vi spiego, appena

si calma» urlo, tirando fuori dallo zaino una scatoletta di tacchino arrosto. In una frazione di secondo è tornato il silenzio.

Il cane annusa avidamente, tenendomi d'occhio.

Gli getto un pezzetto di tacchino. Lui si slancia verso di me e lo prende al volo. Poi fa un balzo all'indietro, abbaiando terrorizzato, forse perché crede di aver osato troppo. Allora poso la scatoletta per terra. Di nuovo un balzo in avanti. Allora metto la mano davanti alla scatoletta, dichiarandola tabù.

Il cane si getta in avanti, cercando di addentarmi la mano. Senza toglierla, faccio un passo verso di lui e lo zittisco: «Shhh!» Il cane si ritira al sicuro, nell'angolo più lontano.

È ovvio: come tutti i cani randagi, ha imparato che bisogna lottare per ogni boccone. Questo comportamento era più che sensato quando viveva per la strada in Spagna, tant'è vero che gli ha permesso di sopravvivere. Ma adesso deve imparare che se vuole vivere in armonia con la sua nuova famiglia dovrà adattarsi a regole diverse.

Basta lanciargli due occhiate severe per fargli capire che deve lasciar perdere la scatoletta. Non è neppure necessario avvicinarsi. Ma non sempre le cose vanno lisce. Ogni volta che gli offro un pezzetto di tacchino per dimostrargli che non sono cattiva, indietreggia terrorizzato e si mette ad abbaiare. Ha imparato una nuova regola, eppure non si fida. Se insisto su questa strada, non farò mai passi in avanti.

Decido perciò di adottare una terapia basata sul confronto, costringendolo a misurarsi con quello che lo spaventa, senza concedergli vie di scampo. Altrimenti, sottraendosi attraverso la fuga, continuerà a provare una sensazione di sollievo che non farà che aumentare la paura. «Bene, anche stavolta sono sfuggito al pericolo». Invece deve capire che la situazione reale non comporta alcun rischio. E, perché lo capisca, bisogna costringerlo a restare in quella determinata situazione.

Dico alla moglie di mettergli il guinzaglio, mi accovaccio a terra e tiro il cane verso di me, senza aprire bocca. Dallo spavento smette subito di abbaiare.

Quando si riprende e fa per ricominciare ad abbaiare, lo zittisco: «Shhh!» Contemporaneamente gli do un colpettino sulla spalla con due dita. Silenzio.

Mi accovaccio di nuovo accanto a lui, espirando con calma e rilassatezza. Anche lui si accuccia. Trascorriamo così cinque minuti. Il cane deve capire attraverso l'esperienza che ciò di cui ha paura non è affatto pericoloso.

Poi lascio il guinzaglio.

Il cane fa due passi indietro e si rimette ad abbaiare. Allora riprendo subito il guinzaglio e lo tiro verso di me. Ci accovacciamo tutt'e due in silenzio, come prima.

Poi lo lascio andare. Il cane si alza e inizia ad annusarmi con cautela. Per un cane annusare significa cercare di capire con chi o cosa ha a che fare. Tra i cinque sensi quello più importante per lui è l'olfatto. Se si affida soltanto alla vista, non riesce a capire chi ha di fronte e finisce per perseverare nei suoi timori.

Sento qualcosa rimbalzarmi contro il tallone. Mi giro spaventata. La palla rossa. Il bambino fa capolino dal corridoio. Si muove a una velocità sorprendente, strisciando come una lucertola. Senza degnarci di un'occhiata, si getta con sicurezza sulla palla e, dopo averla spinta in un angolo, si lancia all'inseguimento. Ecco uno che da solo non si annoierà mai, penso.

Nel tentativo di schivare il bambino, il cane finisce per errore sulla sua traiettoria, ma viene respinto con un'energica mossa lucertolesca. Il cane si affretta a fargli spazio e si lecca tranquillo due volte il muso. Il bambino acchiappa la palla, la scaraventa dietro di sé e, seguendo i suoi rimbalzi, torna a gattonare in direzione del corridoio.

Mi giro verso i genitori che mi osservano, curiosi di sapere la mia reazione. «Bel tipo davvero!» esclamo sbalordita. La madre alza le mani a mo' di conferma.

«Potremmo chiedere alle persone che sono in cortile di aiutarci a simulare l'arrivo di ospiti?» domando, tornando al motivo della mia visita. «Basterebbe che qualcuno suonasse il campanello, così potrei spiegarvi come dovete comportarvi quando il cane comincia ad agitarsi».

Il marito balza in piedi e si precipita giù.

Dopo un po' sentiamo suonare il campanello.

Il cane vorrebbe slanciarsi in avanti, ma io lo blocco con un energico 'shhh!' e lo riporto subito verso la cesta, tenendolo al guinzaglio. Poi lo lascio cadere e faccio restare lì il cane, piazzandomi davanti a lui e sbarrandogli la strada.

Il campanello trilla una seconda volta.

Faccio «shhh!» e, contemporaneamente, spingo la testa in avanti, a mo' di avvertimento. Il cane si tranquillizza e distoglie da me lo sguardo, reclinando il capo a terra.

La moglie mi guarda stupefatta. Suo marito entra insieme a cinque estranei. «Ma come, non abbaia più...» constata incredulo. Cinque perfetti sconosciuti fissano il cane in salotto.

«Per favore, non guardatelo così» esclamo. «Altrimenti lo spaventate. Grazie infinite per l'aiuto. Ormai non dovrebbe più abbaiare, perché ha capito che ho assunto io il controllo della situazione, lui non deve fare più niente».

Proprio in quell'istante bussano alla porta. Il cane drizza le orecchie. Ma la giovane padrona gli fa subito: «Shhh!» Resto sbalordita dal suo tempismo. Anche il cane la guarda stupito ed emette un debolissimo «wooof!», tanto per vedere che cosa succede. La donna si slancia immediatamente verso di lui, ammonendolo con un gesto. Il cane abbassa d'istinto la testa, impressionato dall'improvvisa autorevolezza della padrona.

Bussano di nuovo. Stavolta molto energicamente, un colpo dietro l'altro, a ritmo incalzante. Il cane ci volta le spalle e si accuccia, facendoci capire chiaramente che non si sente responsabile per quello che accade e che vuole soltanto essere lasciato in pace.

A me invece dà sui nervi questo strano visitatore che bussa come un indemoniato. «Perché non dite al vostro aiutante che non c'è più bisogno di lui?» chiedo alla giovane coppia. I due si scambiano un'occhiata perplessa, i visitatori pure.

«Ma guardi che non c'è nessuno alla porta» ribatte il marito. «Il rumore viene da qua» e indica una porta affacciata sul corridoio che, proprio in quell'esatto secondo, si spalanca.

È ancora lui, il bambino. Picchia un giocattolo di legno su ogni ostacolo che incontra sulla strada. La porta si è rivelata un osso duro. Le scalfitture della vernice lo stanno a testimoniare.

Ma alla fine il piccolo re del mondo ha la meglio.

Rispetto

La donna al telefono parla a voce talmente alta che devo allontanare il ricevitore dall'orecchio. «È il fornaio che mi ha consigliato di rivolgermi a lei. Posso fare un salto un giorno o l'altro? Ho soltanto un paio di domande. Non le costa nulla, o sbaglio? Solo una mezz'oretta. Antonio, cuccia! La mamma è al telefono. Insomma, ho questo fox terrier – Antonio, ti ho detto di stare zitto! – e vorrei prendere anche un altro cane...»

«Calma, calma!» la interrompo. «Guardi che se vuole prenotare un'ora da me, non è che non costi nulla...»

«Be', un deca me lo posso ancora permettere. Il mio yorki...»

«Signora B., allora si rivolga a qualcuno che chiede un deca. La mia tariffa oraria è un'altra, la trova anche sul mio sito».

«Oddio!» esclama la donna esasperata. «Senta, i soldi non mi mancano, ho una ditta con una ventina di dipendenti... Certo però che se per quattro chiacchiere sui cani tocca pure spendere... Antonio, amore! Ma te l'avevo detto o no di stare alla larga da lì... Ecco, bravo, zuccherino mio...»

«Allora lavora anche lei, vedo» interloquisco. «E per

dieci euro muoverebbe un dito?» Nella mia voce non c'è traccia di risentimento.

Silenzio.

Dopo un po' prosegue: «D'accordo, allora siamo d'accordo per un'ora. Ma, se mi permette, le spiego di cosa si tratta. Il mio yorki, Antonio, è handicappato e trascina leggermente le zampe posteriori. Siccome quando l'avevo preso non aveva difetti, ma poi, due settimane dopo, è spuntata fuori questa malattia, l'allevatrice mi ha dato come indennizzo anche un altro cane...»

Sono sbalordita. Mi immagino la scena: una signora entra in un negozio e chiede: «Senta, visto che questo cane è difettoso, me ne darebbe un altro gratis?»

«Ma per colpa dell'handicap di Antonio i due cani non si sono capiti per nulla» prosegue la signora. «Quello sano, una femmina, lo umiliava sempre e abbiamo dovuto restituirla. Quello che vorrei chiederle è se possiamo procurare ad Antonio un'altra compagna senza che succeda la stessa cosa... Antonio, ma devi proprio fare tutto questo chiasso? Allora, che ne pensa? Qual è la sua opinione in proposito?»

Mi do una scrollatina come un cane, per cercare di raccapezzarmi. «Non posso dirglielo così, su due piedi, non mi è mai capitata una situazione del genere, né in Russia, né qua...»

«Io mi fido della mia veterinaria e lei dice che non è possibile» mi interrompe la donna.

«...eppure mi è capitato spesso di avere cani con handicap fisici, anche adesso per esempio vivo con il mio vecchio Viktor, che è sordo e cieco. Se tra i cani domestici si verificano casi di discriminazione, è colpa dei padroni che permettono che ciò accada. Tocca agli esseri umani dettare le regole, in situazioni simili».

«Cosa toccherebbe fare agli esseri umani?» insorge la donna. «Guardi che i cani devono sbrigarsela da soli. Me l'hanno detto tutti. Secondo la mia veterinaria, e anche secondo tutti gli altri, è normale che un cane malato venga isolato e trattato male».

«Se non si fida del mio giudizio, allora può anche rassegnarsi all'idea che sia impossibile tenere un altro cane, visto che gliel'hanno già detto tutti. Non capisco perché abbia deciso di rivolgersi a me» replico in tono tranquillo. «Voleva sapere la mia opinione e io gliel'ho detta».

«Eppure gli animali malati allo stato di natura hanno solo svantaggi».

«Credo che stia confondendo due cose diverse. Gli animali malati cadono vittime dei predatori più facilmente degli esemplari sani, oppure riescono a nutrirsi di meno, perché sono ostacolati nella caccia e nella ricerca del cibo. Di conseguenza hanno minori possibilità di sopravvivere. Ma questo non ha niente a che fare con l'essere discriminati. La discriminazione è un comportamento tipico dell'essere umano. Anzi, mi è capitato spesso di vedere padroni che vezzeggiano e proteggono in modo eccessivo un esemplare malato, provocando così le reazioni dell'altro cane».

«Ma è naturale che uno tenda a viziare un cane malato, mi sembra chiaro» ribatte la signora.

«Al contrario, per il cane non è affatto così chiaro. Perché lui non si sente per nulla 'handicappato', ma in compenso capisce che il padrone è troppo protettivo nei suoi confronti e non può fare altro che interpretare quest'affetto come una forma di debolezza. È per questo che i cani malati tendono spesso a difendere i propri padroni, perché li percepiscono come deboli».

«Secondo lei il mio cane non dovrebbe difendermi?» sbotta la mia interlocutrice.

«Non lo so, che tipo di cane è?» domando con una certa curiosità.

«Uno yorkshire, gliel'ho già detto» ribatte offesa.

«Intendevo il carattere» le spiego.

Per la prima volta la signora resta zitta per un bel po'.

«Be', diciamo che ha un temperamento deciso» risponde alla fine con voce esitante, «ma alle volte capita anche che se ne stia rintanato chissà dove per ore. Ma il peggio è che non vuole aver contatti con altri cani, per via del suo handicap».

Reprimo a stento la mia incredulità circa l'ultima parte della frase e le chiedo in che cosa si esprime questo suo temperamento.

«Be', ad esempio nel fatto che abbaia molto. Abbaia ai cani per la strada, quando lo porto fuori, e alla sera esce in terrazza e abbaia. Certe volte abbaia anche alle persone».

«Tanto lavoro da sbrigare per un cane così piccolo» osservo.

«Come, scusi? Che lavoro? Abbaia semplicemente perché ha carattere» ribatte in tono indignato.

«Avrei un'altra ipotesi in proposito» replico.

«Be', allora venga e gli dia un'occhiata» controbatte. «Mercoledì, ad esempio, sono libera».

«Mi dispiace, ma la prima data disponibile che ho sull'agenda è tra cinque settimane».

Seconda pausa di riflessione.

*

«Cinque settimane?» Ora il tono della signora è un po' più flebile. «Va bene, allora proponga lei un giorno».

Ci accordiamo per un martedì, alle 18.

Non faccio quasi in tempo a metter giù che squilla di nuovo il telefono. Una voce che trapana le orecchie domanda: «Parlo con il Dog-Institut?»

«Sì, ci siamo appena sentite» rispondo irritata.

«Ah, quindi è lei il Dog-Institut. Ah, ecco. Il tizio che ho incrociato dal fornaio mi aveva detto soltanto il suo nome, ma altri padroni di cani mi avevano consigliato il Dog-Institut. Volevo sapere che cosa ne pensavano loro. Va be', allora se è lei, vuol dire che ho trovato la persona giusta. Arrivederci!»

Sto zitta e mastico amaro.

Qualche settimana dopo suono al portone di casa della signora B. La voce al citofono mi dice di salire al quinto piano. Appena arrivo vedo una porta spalancata e un cane simile a un mucchietto di pelo tremante che abbaia con voce flebile e roca: «Wuhuhuuu, wuhuu, wuh». A parte il rauco Antonio, non si vede proprio nessuno.

«Ehi, c'è qualcuno?» Una donna della mia età (sono del '61), perfettamente truccata, spunta da dietro l'angolo col telefonino all'orecchio. Accarezza Antonio sulla schiena e mi dice: «Ecco, è lui. Finalmente può vedere che cos'ha. Io devo ancora fare quattro chiacchiere...» E se ne va.

Io e il cagnetto ci guardiamo. Ha il pelo tosato, sembra ancora più piccolo di un normale yorkshire. Mi sgattaiola intorno, trascinando le zampe posteriori. Abbaia in tono isterico ma sommesso, e dà l'impressione di essere decrepito. Accanto a lui il mio bracco Viktor, che ha quasi diciott'anni, farebbe la figura del giovanotto. Tiro fuori la mia agenda per controllare. Eppure è così: *Antonio, 4 anni*, la scritta è inequivocabile.

Fisso stupefatta quel cane che assomiglia a un vecchietto e cerco di rassicurarlo con qualche parolina affettuosa. Lui corre nella direzione in cui è sparita la padrona e poi torna di nuovo verso di me. In preda alla disperazione, fa del suo meglio per difendere territorio, padrona e se stesso. Il modo in cui abbaia ricorda un clacson stridulo. Decido di non oltrepassare la soglia, perché trovo commovente il suo tentativo di difendere la casa e non voglio mancargli di rispetto. L'idea che la padrona abbia abbandonato questa creaturina in una situazione del genere mi lascia senza parole.

«Ma poteva entrare, scusi!» esclama la donna al suo ritorno e mi precede in salotto. Indossa pantaloni rosa da jogging, di marca, infradito e un top bianco, senza maniche, con qualche strass qua e là. L'arredamento testimonia un certo gusto e notevoli disponibilità finanziarie. Mobili di design, tappeti orientali, apparecchi high tech e arredi in rattan per la terrazza.

«Potrebbe togliersi le scarpe per favore? C'è appena stata la colf» dice, indicando i miei piedi. Senza aprire bocca, le faccio vedere le soprascarpe che utilizzo sempre per le visite a domicilio e che ho già indossato. Lei prende atto stupita del fatto che i pavimenti si possano tenere puliti anche così.

In salotto mi lascia libera di sedermi dove preferisco, dal momento che non me l'ha neanche proposto. Scelgo una delle due poltrone poste l'una di fronte all'altra. Lei prende uno sgabello alto dall'angolo bar e vi monta sopra a cavalcioni, sovrastandomi così di una ventina di centimetri. Dopodiché incrocia le braccia sulla spalliera, usandola come scudo protettivo. Se cercassi di avviare una conversazione, sprecherei il fiato. La sua mimica corporea non rivela la benché minima disponibilità all'ascolto, ma solo la volontà di dominare l'interlocutore. Eppure, lavorando come consulente, per me è importante trovarmi davanti una persona disposta ad ascoltarmi – o, perlomeno, avere la possibilità di convincerla a intraprendere una via nuova.

Di conseguenza, devo costringere la donna a modificare la sua mimica corporea, perché forse in questo modo cambierà anche atteggiamento. Dunque mi alzo e mi metto ad ammirare la vista – davvero notevole – che si gode dalla sua terrazza, così da restare accanto ma anche leggermente dietro di lei. Adesso per parlarmi deve per forza guardare in su e anche girarsi un po' all'indietro, correndo il rischio di perdere l'equilibrio. Dopo qualche infruttuoso tentativo di persuadermi con un'occhiata a tornare al mio posto, si alza anche lei, si siede in poltrona e mi invita a sedermi di fronte a lei. Accetto volentieri la proposta.

Parla in continuazione, come se il silenzio non dovesse aleggiare nemmeno per un secondo a casa sua. «Divieto di silenzio!» potrebbe scrivere sulla porta. Per di più, sottolinea ogni parola tamburellando sulla spalliera.

«Da cucciolo Antonio era molto malato...» Nel bel mezzo della frase salta su e se ne va. Dopodiché torna con un posacenere e un pacchetto di sigarette e me ne offre una. Al mio rifiuto replica con un'occhiata ironica e commenta: «Certo, immaginavo...» lasciando in sospeso cosa immaginava. «Vent'anni sono bastati» aggiungo, per farle capire che una volta anch'io fumavo. Allora mi guarda sorpresa e, in tono un po' più cordiale, mi chiede se voglio qualcosa da bere. «Volentieri, un bicchiere d'acqua, per favore».

Torna con un bicchiere d'acqua e un calice di spumante. E un paio di enormi occhiali da sole sul naso.

«Non si faccia strane idee, è soltanto che oggi ho lavorato parecchio e adesso ho bisogno di un goccio per rilassarmi». Dopo una sorsata abbondante, riprende a raccontare in tono improvvisamente ciarliero: «Le dicevo, da cucciolo Antonio era molto malato, per farlo sopravvivere abbiamo speso tremila euro. Ma la paralisi è rimasta». Intanto continua a scompigliare il pelo sulla schiena di Antonio.

«Può togliersi gli occhiali da sole, per favore?» la interrompo, ancora stupita per l'improvviso cambio di accessori. «Altrimenti non riesco a guardarla negli occhi».

Se li toglie e spiega: «Sono lenti ottiche, senza non vedo granché».

Mi domando come possa pensare di vedere meglio con quelle enormi lenti scure in un ambiente buio. Come mai a un tratto ha sentito il bisogno di mettersi gli occhiali? Ora il suo sguardo è talmente smarrito che mi dispiace di averla costretta a rinunciare a quella difesa.

A giudicare dall'odore d'alcol, deve aver bevuto qualcosa di più che un semplice spumante serale.

«Penso che gli farebbe piacere avere una compagna, ma dopo l'esperienza con l'altra cagna, non siamo sicuri che possa funzionare». Questo tono frivolo e spensierato stona decisamente con la sua inquietudine.

Con la mano solleva di punto in bianco Antonio e gli schiocca tre baci sulla schiena. Il cane ha un'aria talmente infelice che mi riprometto di fare tutto il possibile, nonostante abbia il presentimento che non sarà così facile far cambiare atteggiamento alla padrona, né – di conseguenza – migliorare la sua posizione.

La signora deve aver notato il mio sguardo, perché osserva divertita, a proposito di se stessa e dei suoi baci: «Sì, è proprio vero, lo vizio troppo!»

«Con un san bernardo sarebbe più difficile» dico, commentando l'improvviso volo del cagnetto fino alle sue labbra. Lei ride.

«Forse, con un esempio attinto dall'esperienza umana riuscirò a farle capire come si sente Antonio, se quello che riceve è soltanto affetto e non una guida da seguire». Annuisce con il capo, continuando a bere lo spumante. Interpreto quel cenno come un assenso.

«Mi ha detto che dirige una ditta con venti dipendenti. Lei accarezzerebbe sulla testa e farebbe le moine a una persona che comincia oggi a lavorare per lei e le chiede ragguagli sulla situazione? Oppure le spiegherebbe la struttura dell'azienda e il suo ruolo, in maniera che possa familiarizzarsi al più presto con le nuove mansioni?»

Mi guarda perplessa, tuttavia sento di aver colto nel segno.

«Credo che se si limitasse a dimostrare al suo dipendente soltanto affetto, senza spiegargli che cosa deve fare, lui tornerebbe assai malvolentieri al lavoro il giorno dopo. Si sentirebbe insicuro, perché non saprebbe quali compiti gli spettano e, a ogni suo sguardo, penserebbe di aver trascurato qualcosa. Di conseguenza diventerebbe fin troppo zelante, come il suo Antonio, oppure si rinchiuderebbe in se stesso, nella speranza di non dare troppo nell'occhio con la sua incertezza. In tutt'e due i casi si sentirebbe stressato e soffrirebbe di solitudine. Non la prenda male, ma il suo cane dà l'impressione di essere molto solo».

La donna fissa spaventata Antonio, continuando a stringerselo al petto. Per la prima volta colgo nei suoi occhi un'ombra di compassione: «È vero, certe volte ho pensato anch'io che è sempre da solo. Eppure degli ordini glieli do. Per esempio, ha imparato a sedersi sul bordo del marciapiede. Quando invece comincia ad abbaiare, dico 'psss!' e lui smette».

«La regola di restare seduto sul bordo del marciapiede funziona solo perché la applica sempre, su qualsiasi strada. Ma per fermare un cane da un momento all'altro, bisogna saperlo bloccare in qualunque situazione. Ad esempio, un cane che ha imparato ad aspettare davanti alla ciotola del cibo, agisce sulla base di un riflesso condizionato. Non è questo lo 'stop' che intendo io. Non si butta subito sul cibo solo perché sa che il padrone lo ricompenserà proprio per aver aspettato. Se però lo stesso cane trova in un cespuglio una salsiccia e lei riesce a impedirgli di mangiarsela, avvertendolo a un centinaio di metri di distanza, significa che ha utilizzato uno 'stop' autentico, un segnale che ha a che fare con il suo ruolo di 'capobranco'. Lo stesso vale quando Antonio si mette ad abbaiare: anche in questo caso ha bisogno di uno 'stop' vero».

«E come si fa?» domanda la signora incredula, mettendo giù il calice di spumante.

«Antonio ha mai imparato ad aspettare prima di buttarsi sulla ciotola del cibo?»

Scuote la testa.

Allora tiro fuori dallo zaino la scatoletta con il tacchino. Dopo averla aperta, gliela porgo:

«Immaginiamo di mettere questa scatola per terra e di

uscire dalla stanza. Come farebbe a spiegare ad Antonio che è tabù e che non deve toccarla?»

Sgrana gli occhi: «Ma è impossibile! Non resisterà mai, ha un profumo troppo buono!»

«Non più di una salsiccia» ribatto.

Dopo aver messo giù il cane, la donna appoggia per terra la scatola. Pur vacillando, Antonio ci si catapulta sopra, a una velocità insospettabile. Allora lei tira su la scatola e se la stringe al petto spaventata.

«Ecco, gliel'avevo detto, non funziona!» esclama in tono di rimprovero.

«Per forza, si è dimenticata di dire ad Antonio che la scatola è tabù!» esclamo ridendo. «Per come la vede lui, ha appoggiato per terra una scatola dal contenuto paradisiaco e l'ha lasciata lì, punto. Ecco perché si è precipitato».

«Guardi, anche se dico 'psss!' non obbedisce». Sbatte la scatola sul pavimento: «Psss!» Malgrado la scatola sia decisamente piccola, la testa di Antonio ci sparisce dentro. «Psss! Psss! Psss!!!» La padrona lo acchiappa per il pelo della schiena e lo tira indietro, intanto lui ingoia quel che può. «Vede che non funziona?» ripete, quasi indignata.

«Se quando dice 'psss!' intende 'stop!', come un semaforo che scatta sul giallo, allora significa che il suo semaforo è già diventato quattro volte giallo senza mai passare al rosso. La gente ignora un semaforo del genere, perché è chiaro che è rotto, e attraversa la strada lo stesso. Non è il giallo in sé che ci costringe a fermarci, bensì la consapevolezza che al giallo seguirà il rosso e che, probabilmente, se non ci fermassimo ci succederebbe un incidente. Allo stesso modo anche Antonio dovrebbe sapere che, se continuerà a ignorare il suo 'psss', potrebbe incorrere in conseguenze sgradevoli».

«Ma io non l'ho mai picchiato» esclama la donna indignata.

«Ci mancherebbe!» Sollevo le mani, spaventata da una simile associazione di idee. «In una situazione del genere un capobranco non attaccherebbe mai un altro cane. Se gli si gettasse addosso o lo mordesse, non sarebbe un vero capobranco. Invece, a seconda della sua autorevolezza, lo guarderà con aria severa, cercando di contenerne i movimenti, oppure simulerà un attacco, a mo' di avvertimento. Può imitarlo con due dita... no, nel caso di Antonio un dito basta» mi correggo, dopo aver dato un'occhiata alle dimensioni del cane. «Adesso le faccio vedere come».

Le prendo la scatola dalle mani. Antonio si mette a uggiolare ai miei piedi con aria disperata.

Appoggio la scatola per terra, accompagnando questo gesto con un «ssst!» che d'ora in poi dovrà sostituire nella mente di Antonio il «psss!» della padrona.

Il cane si slancia in avanti, barcollando. Allora mi inginocchio e lo spingo da parte con un dito. Ma lui non si lascia smontare e infila la testa nella scatola. Lo spingo indietro, esercitando una lieve pressione sul petto. Antonio mi guarda sbalordito e cerca di buttarsi di nuovo in avanti. Non ho neppure il tempo di stupirmi per la sua insospettata energia, perché ho il mio daffare a dirgli «ssst!» e a bloccargli le zampette simili a quelle di un criceto. Il fatto è che non obbedisce al mio «ssst!» e si ostina a spingere in avanti, malgrado ogni volta lo ricacci all'indietro, premendolo sul petto.

Dal momento che quella tattica di sfondamento non ha sortito risultati, decide di cambiare strategia e si mette ad abbaiarmi contro: «Hu hu hu hu!» Non gli è mai capitato di ricevere ordini da un essere umano e la cosa lo indigna. Si capisce che nessuno in vita sua gli ha mai imposto dei limiti.

La donna si copre la bocca con la mano, disperata: «Ma non vede? Così lo spaventa a morte!» esclama, mentre Antonio si lascia andare a un altro accesso di ira. La ignoro e mi allontano dalla scatola ostentando un'aria annoiata. Convinto di avere via libera, Antonio trotterella avanti.

«Ssst!» Si blocca, poi fa un altro passo e mi guarda, per controllare come reagisco. Allora lo spingo indietro molto velocemente e mi allontano di nuovo. A questo punto anche Antonio si allontana e si piazza a un paio di metri di distanza da me, inclinando la testolina e guardandomi con aria interrogativa. Ah, hai capito la lezione!, penso e sorrido.

«Ma lo ha spaventato!» mi rimprovera la padrona. Indico Antonio: «Le sembra un cane impaurito?» Lei lo guarda incerta.

«Antonio!» Mi inginocchio e lo invito ad avvicinarsi, battendomi amichevolmente una mano sulla gamba. Descrivendo un ampio arco intorno alla scatola, trotterella verso di me scodinzolando e, dopo essersi arrampicato sul mio ginocchio, mi lecca la mano.

«O-kay» dice la donna, staccando in modo esagerato le sillabe. «Spaventato non è, però perché guarda così in basso?» e indica la posizione leggermente china della sua testolina.

«I cani esprimono così il rispetto che provano per i loro simili» rispondo. «Imponendogli un limite, evidentemente ho guadagnato dei punti ai suoi occhi. D'ora in poi potrà cedermi la responsabilità in una situazione che reputa pericolosa. Non si sentirà più costretto ad abbaiare, per allontanare da solo il pericolo. Ma anche se lo facesse, mi basterebbe dirgli di smettere».

«Ecco, vorrei proprio vedere come fa» replica. «Adesso suono alla porta di casa, così potrà farlo smettere, quando comincia ad abbaiare». Si precipita in corridoio e spalanca la porta di ingresso. Con un «ssst!» blocco Antonio che vorrebbe seguirla per controllare i suoi movimenti.

Appena squilla il campanello, Antonio gonfia il petto gracile e fa risuonare il suo clacson stridulo: «Wuuhuuuh, wuhuuh, wuuh».

«D'accordo» gli dico in tono amichevole, per fargli capire di aver recepito il messaggio: invasione imminente. Dopodiché assumo il controllo della situazione.

«Ssst!»

«Wuuuh!»

Gli lancio un'occhiata severa.

Silenzio.

La padrona suona di nuovo il campanello.

«Wu...»

«Ssst!»

Silenzio.

Altra scampanellata.

«W...»

«Ssst!»

Silenzio.

«Drin!»

Silenzio.

«Drin! Drin! Driiin!»

Antonio si nasconde dietro di me.

*

La padrona rientra in casa. Non cerca più di dissimulare lo stupore, anzi si siede accanto a noi sul pavimento e, scordando lo spumante sul tavolo, osserva il cane.

«Avevo sempre pensato che bastasse viziarlo» sussurra.

Resto zitta, vorrei poter imbottigliare quest'attimo per conservarlo, perché sono certa che, non appena me ne andrò, si dissolverà in aria – o nello spumante.

«E adesso che faccio?» domanda, con un'espressione fiduciosa, quasi infantile.

«Le consiglierei di frequentare con Antonio un corso presso la mia scuola. Così potrà imparare quand'è il caso di impartirgli un ordine – e come riuscire a farlo – e quando invece può lasciar correre. Inoltre, avrà l'occasione di vederlo interagire con altri cani e si renderà conto che non è vero che lo discriminano perché ha un handicap. Antonio ha volontà e forze a sufficienza, e anche gli altri cani lo sanno. Dà solo l'impressione di essere stanco, spossato dalla necessità di combattere su tutti i fronti. Ma se lei è disposta ad assumersi la responsabilità di guidarlo, Antonio si riprenderà subito».

«Ci mancava solo questa!» e la donna si mette le mani nei capelli. «Come faccio, gliel'ho già detto che passo tutto il tempo al lavoro, ho un'azienda con venti dipendenti».

Senza volerlo, ha messo in evidenza il nocciolo del problema. È evidente che Antonio per lei è un sostegno emotivo la sera, quando torna a casa. Il suo compito consiste nel permetterle di rilassarsi, essere tenera e non dover sempre pensare a come si comporta.

«La capisco» replico, profondamente colpita. «Ma anche per Antonio sarebbe molto importante poter ricevere quello di cui ha bisogno. Lui non lo sa che lei dà ordini agli altri tutto il giorno e poi alla sera torna a casa stanca. Di lei conosce soltanto la faccia che gli mostra. Percepisce la sua debolezza e per questo vorrebbe difenderla. Forse potrebbe anche essere felice di vivere con un altro cane, tuttavia il nuovo compagno non potrebbe mai sostituirla. Per di più, a lei toccherebbe anche trovare le energie per occuparsi di quest'altro cane».

La donna deglutisce e fissa il pavimento, sbigottita.

«Quando si svolgono questi corsi? Comunque dovrei parlarne con mio marito».

«Purtroppo ho lasciato in auto i biglietti da visita con l'indirizzo del mio sito internet, dove può trovare tutte le informazioni necessarie. Se mi dà un foglio glielo scrivo».

Ma lei scuote la testa: «No, no, scendo io, così mi lascia un biglietto».

Salgo in macchina e abbasso il finestrino. Nel momento in cui sto per porgerle il biglietto da visita, solleva Antonio con una mano sola, cingendogli la gabbia toracica con la destra. Lui dimena di qua e di là le zampette sospese per aria e intanto mi guarda con aria indifesa.

Mentre metto in moto, la vedo nello specchietto retrovisore prendere il cane per la zampetta e agitarla in segno di saluto. È l'ultima immagine che ho di Antonio. Non l'ho rivisto mai più.

Il distributore di benzina

Per un anno ho lavorato come psicoterapeuta con un gruppo di donne che soffrivano di disturbi dell'alimentazione. Fu proprio in quel momento che nella mia vita entrò Viktor, un cane molto problematico. Visto che nei primi tempi non me ne separavo mai, le mie pazienti ebbero modo di seguire, una settimana dopo l'altra, tutte le fasi della sua guarigione. Tra di loro c'era anche Helen, bulimica. Si era dimostrata particolarmente attenta ai progressi di Viktor. Vedendo dileguarsi poco a poco le sue paure – che all'inizio comprendevano tutte quelle possibili che un cane può avere – non riusciva a dissimulare il proprio stupore e mi subissava di domande.

«Adesso anch'io ho un cane!» mi annuncia soddisfatta al telefono qualche anno dopo. «E ha paura di tutto, proprio come Viktor allora!» aggiunge, quasi con orgoglio.

Sono costretta a sedermi. «Ma perché? Da dove spunta fuori?» domando pressoché terrorizzata.

Il suo tono si fa un po' più misurato. «Dal Portogallo. Là lo tenevano legato alla catena e adesso lui ha paura perché è sempre stato maltrattato e non sa niente della vita».

«Helen, ma come mai hai deciso di prendere un cane?» le domando, ancora sbalordita.

«Ma ne ho sempre voluto uno da quando avevo conosciuto Viktor, te l'avevo raccontato, no?»

Scavo tra i ricordi dell'epoca, ma non trovo nulla del genere.

«Adesso ho bisogno di te come terapeuta per cani» afferma in tono risoluto. «Perché non so bene come comportarmi» aggiunge sottovoce.

Fissiamo un appuntamento.

Nel frattempo è diventata ancora più grassa. Dice di pesare centotrenta chili. Dopo averne persi quindici con il trattamento di gruppo, ne ha ripresi venti, il che ha diminuito ulteriormente la sua autostima, già non troppo elevata. È per questo che ci ha messo tutto questo tempo per realizzare il desiderio di avere un cane. «Non avevo più fiducia in me stessa. Figuriamoci ritenermi in grado di allevare un cane!» dice.

«E allora come mai hai deciso di prenderne uno?» le chiedo, dando un'occhiata al muso rosso e peloso che fa capolino da sotto il mobile della cucina.

«Una donna che abita nella mia stessa via lo ha portato qui dal Portogallo, per salvarlo. L'ha trovato legato alla catena, pelle e ossa, aveva ustioni su tutto il corpo. Poi un mese dopo ha attaccato annunci ovunque per trovare qualcuno che lo volesse, perché lei non ce la faceva più. Il cane è troppo spaventato e non ha fiducia negli altri, dice».

«E allora perché l'hai preso?»

Deglutisce, con lo sguardo fisso sulle mani morbide, congiunte in grembo.

«Quella signora è molto bella e sicura di sé, l'ho sempre creduta in grado di fare quello di cui io non ero capace».

«Mi stai dicendo che con questo cane vuoi dimostrare che puoi riuscire là dove lei ha fallito?» le chiedo.

«Forse un pochino sì» risponde sottovoce.

Sospirando, do un'occhiata al musetto del cane e ai suoi occhi marroncini che mi osservano spaventati.

Concordo con Helen un programma di attività complementari per capire se le è chiaro che tipo di impegno si sta assumendo e rimango stupita dalla fermezza della sua decisione. Adesso il piccolo portoghese si chiama Alfons e vive da lei ormai da una settimana. Le prescrivo dei fiori di Bach come supporto alla terapia, dopodiché le consiglio feromoni artificiali da portare su un fazzoletto intorno al collo e da diffondere con il nebulizzatore domestico. Inoltre le raccomando di far indossare al cane una maglietta stretta, sull'esempio delle vittime di incidenti in grave stato di shock che vengono avvolte nelle coperte, oppure dei neonati spaventati che bisogna fasciare perché acquistino la percezione del proprio corpo.

Inoltre, le consiglio di offrirgli il cibo solo dalle mani, oppure di gettarlo a terra, senza guardare Alfons in continuazione, per far sì che sia lui a cercarla con lo sguardo. È necessario che gli faccia capire che è sicura di sé.

La seconda volta che ci vediamo andiamo a fare una passeggiata. Alfons è alto una trentina di centimetri e cerca di acquattarsi dietro o in mezzo a qualsiasi cosa possa offrirgli protezione. Cassonetti della spazzatura, macchine, siepi fiorite – non c'è nulla o quasi che non gli sembri un buon nascondiglio. Helen si ferma e lo chiama con voce flebile: «Alfons, torna qui. Dai, vieni».

Ma lui trema dietro un cassonetto.

«Se vuoi che Alfons smetta di avere paura, non devi fermarti mai. Perché se ti fermi è come se gli dicessi: 'Hai ragione, un pericolo imminente ci minaccia. E io ho paura, proprio come te'. Due conigli impauriti, sperduti nella giungla della metropoli. Immagina di essere rapita da un'elefantessa e di finire in mezzo alla savana. Cominci a vedere ombre che si muovono nell'oscurità e a sentire rumori senza sapere bene da dove vengano. Ti paralizzi e guardi l'elefantessa per capire come prende la cosa. Anche lei è rimasta lì, immobile, con lo sguardo fisso ora su di te, ora su quel che percepisci come una minaccia. Finiresti per credere di correre chissà quale rischio, oppure di esserne direttamente responsabile. Di certo non penseresti di essere al sicuro. Ma se invece l'elefantessa continuasse a correre e reagisse con indifferenza a quel che ti sembra costituire un pericolo, senz'altro ti sentiresti sollevata».

Helen scoppia a ridere: «Va be', come elefantessa sono più che credibile. Per il resto vedrò di rimediare».

In effetti, nelle ore seguenti che trascorriamo all'aria aperta, resto sconcertata dalla sua camminata insospettabilmente decisa. Nella sua corpulenza Helen ricorda un marinaio che barcolla a bordo di una nave sballottata dalle onde. Alfons ha lasciato perdere i nascondigli e adesso esplora i dintorni, annusando qua e là. Tuttavia li ispeziona con un certo timore, come se presentisse eventuali pericoli.

A casa mostro a Helen un esercizio per insegnare ad Alfons a contare su di lei quando ha paura di affrontare una situazione da solo. In realtà, non ha mai provato a rivolgersi a un essere umano per ricevere aiuto. Ci sediamo sul pavimento, Helen gli mette sotto al naso una manciata di croccantini, tenendo la mano chiusa. Alfons gliela lecca e scappa via con la coda tra le gambe. Poi torna indietro, fissando la mano, e le dà delicatamente un colpettino con il naso. Scappa via, poi ritorna. Non gli viene neppure in mente di rivolgere lo sguardo verso Helen. Quest'esercizio consente di capire facilmente se un cane ha imparato a chiedere aiuto a una persona o al padrone, se non è in grado di ottenere qualcosa da sé e, soprattutto, se si fida di una persona.

Helen ci rimane male, ma le dico di aspettare.

E, in effetti, una decina di minuti dopo il cane le rivolge una prima breve occhiata irritata. «Molto bene» esclamo, perché Helen non se n'è nemmeno accorta e ha aperto la mano. Alfons si mette a mangiare. «Anche se ti ha dato soltanto un'occhiatina, non ti dimenticare di fargli i complimenti» aggiungo. Riproviamo. Anche stavolta il piccoletto dopo un po' guarda Helen per un secondo. Si capisce che sforzo enorme debba fare per fissare una persona negli occhi. Solo i cani che sono già abituati alle persone sanno che lo sguardo diretto di un essere umano non rappresenta per forza una minaccia. Alfons invece conosce solo la vita alla catena.

Stavolta Helen si è accorta del suo sguardo e lo loda subito.

Alfons fa progressi da gigante. È un cane intelligente e, per la prima volta nella sua vita, sperimenta come sia divertente giocare con una persona.

Dopodiché gli metto un dolcetto per cani sotto il naso, mentre Helen tiene stretto il guinzaglio per impedirgli di avvicinarsi. Lui dà soltanto un paio di strattoni, poi si gira e la guarda. Helen è talmente contenta che gli dà subito il dolcetto. Oggi Alfons ha imparato una lezione importantissima: a un uomo si può chiedere aiuto.

Per i compiti da svolgere a casa gli assegno l'esercizio *touch*. Alfons deve imparare a toccare con il muso la mano di Helen al segnale *touch*. Il problema è che, a causa del suo peso, lei non si può piegare troppo in avanti. Allora prendiamo un lungo mestolo di legno. Helen lo dovrà tenere rivolto verso il basso, affinché Alfons possa sfiorarlo col naso. All'inizio potrà strofinarci sopra un po' di salsiccia, per attirarlo. Poi niente salsiccia, ma, in compenso, un dolcetto per ogni contatto riuscito. In seguito, se utilizzato nelle situazioni giuste, sarà il *touch* stesso con la padrona a 'ricompensare' il cane, perché servirà a distogliere la sua attenzione da ciò che lo impaurisce. Cosicché non ci sarà più bisogno neppure del dolcetto.

Per la lezione successiva mi aspettano in strada, davanti a casa. Che spettacolo! Una signora ingombrante dai capelli rossi accanto a un cagnolino fulvo, pezzato di bianco. E un lungo mestolo di legno che unisce la mano destra di Helen con il muso di Alfons. Oggi mi sembra più imponente che grassa, forse dipende dal portamento sicuro.

Dall'esperienza di quell'anno di lavoro so che Helen si invischia sempre in storie con uomini che non le danno niente dal punto di vista emotivo. Come se avesse una specie di navigatore che la guida inesorabilmente verso tizi del genere. Evidentemente si tratta di un meccanismo innescato da suo padre, che viveva nell'appartamento sopra al suo e si faceva accudire da lei come un bambino, senza degnarla mai di un ringraziamento.

Si innamorava in continuazione, senza speranza, ovviamente. Lo capivamo dalle gote accese. Finché, qualche settimana dopo, il sentimento si raffreddava. Gli uomini che si succedevano nel suo cuore la trattavano male, non la rispettavano, anzi la offendevano, disprezzandola, malgrado lei facesse qualsiasi cosa per loro. E così il suo distributore di benzina emotiva diventava il frigorifero.

*

Ma adesso Helen ha trovato evidentemente un nuovo modo di fare rifornimento. Non mi è mai capitato di vedere nei suoi occhi tanta voglia di vivere. Alfons obbedisce ogni volta che gli ordina di toccare il mestolo con il muso e lei me lo mostra orgogliosa mentre passeggiamo. All'improvviso un netturbino sbuca fuori dal cortile di una casa, spingendo rumorosamente un cassonetto sul marciapiede. «*Touch!*» esclama Helen al momento giusto. Alfons, che qualche giorno prima sarebbe corso a nascondersi, si precipita verso il mestolo, senza badare al frastuono.

Ecco il significato implicito di quest'esercizio: un cane che, abitualmente, perderebbe il controllo perché spaventato, riesce a fare qualcosa che è in suo potere. Si tratta di uno stratagemma semplicissimo che funziona con tutti i cani che svolgono volentieri i loro compiti. Ovviamente, tra un po' Helen potrà smettere di girare a passo di marcia per il quartiere armata di mestolo. Quell'arnese le serve soltanto come aiuto per offrire ad Alfons un'alternativa e scacciare le sue paure.

A un tratto, dall'altra parte della strada intravediamo un uomo con un pastore belga. Ci lancia un'occhiata e, dopo aver assistito all'esercizio del mestolo, ride con aria di sufficienza. Helen abbassa subito la testa. «Quello lì lo conosco, gli faccio schifo e alle volte mi ha pure insultata».

«Davvero?» le chiedo.

«Ma sì, 'grassona di merda' e roba del genere».

L'uomo attraversa apposta la strada e viene verso di noi, tenendo la mano destra in tasca. Dallo sguardo famelico del pastore, una cagna, e dal modo in cui corre, si capisce che lui ha in tasca una pallina. Per smorzare l'agitazione che l'attesa della pallina le mette addosso, la cagna uggiolando si allontana di un metro dal padrone con andatura sottomessa, dopodiché torna verso di lui, guardandolo con aria speranzosa. Un atteggiamento supplichevole con cui cerca di convincerlo a tirar fuori la pallina. È comprovato che i cani possono sviluppare una sorta di dipendenza dal riporto, e questo caso ne è la triste dimostrazione. Dipendere così da qualcosa è terribile. Eppure il padrone sfrutta la dipendenza della cagna per compiacere il suo ego. Punta ghignando verso di noi, tutto orgoglioso che lei lo fissi così. Se infatti il padrone di un altro cane non conoscesse il motivo di quell'adorazione, lo invidierebbe sicuramente per l'attenzione che l'animale gli presta.

Quel tizio dunque vuole semplicemente impressionarci. Ma Helen è talmente turbata e intimidita che abbassa subito lo sguardo. Proprio quello che vuole lui! Questa ricaduta mi fa infuriare al punto che mi metto subito a frugare nella mia borsa ben equipaggiata alla ricerca di una pallina. Tenendola stretta in mano, la faccio balenare per un istante davanti agli occhi della cagna e poi la lancio sul prato lì vicino. Un comportamento infantile, non c'è dubbio, però voglio concederci il piacere di osservare l'effetto provocato da questa mossa. La cagna schizza come un fulmine dietro alla pallina, riportandola addirittura a me, e non al padrone, assolvendo al proprio dovere come solo un cane da pastore sa fare. Grandioso! L'espressione del tizio ci risarcisce subito per l'arrabbiatura di prima. La piega presa dalla situazione lo sconcerta al punto che si limita a camminare a bocca aperta, chiamando in tono deciso: «Shiva!» Reprimo la tentazione di metterlo in concorrenza con la palla un'altra volta. Non la spunterebbe di certo.

Un paio di settimane dopo Alfons è già un cagnolino fiducioso e vispo. Oltre ad aver imparato come si conduce un cane, Helen ha anche inventato un richiamo per far capire ad Alfons quale comportamento esige da lui. Mi mostra trucchi sempre nuovi che il suo amichetto apprende senza fatica. In ogni situazione fa sfoggio di inventiva e senso dell'umorismo. Alfons pende dalle sue labbra che adesso sono pure sottolineate dal rossetto. Ha anche cambiato pettinatura. «Nelle ultime dodici settimane ho perso venti chili» annuncia orgogliosa.

Le mostro altri stratagemmi per rassicurare Alfons e rafforzare il suo potere. Ormai Helen impersona l'elefantessa più sicura che si possa incontrare per strada. Di settimana in settimana fa sempre nuovi progressi e io ne sono molto felice e fiera.

Da lì a qualche settimana i due si iscrivono al corso di «Agility», corsa a ostacoli per cani e padroni. All'inizio essere costretta a correre costa a Helen una certa fatica. È goffa e pesante, i grossi seni le ballonzolano di qua e di là. Alfons in compenso è sempre più veloce e le rivolge sguardi languidi con i suoi occhi ambrati.

Nel frattempo è passato un anno. Un giorno lungo Schönhauser Allee vedo un cagnolino bianco, pezzato di rosso. Cammina impettito al guinzaglio accanto a una donna ben vestita che, con dignità ed eleganza, occupa un po' più posto delle modelle che si vedono sui manifesti. Sono proprio Helen e Alfons. Lei ha perso cinquantuno chili, dice, e dal grasso superfluo è emerso finalmente un volto bellissimo. Non a caso, mentre ci salutiamo, un giovanotto si gira a guardarla – e non soltanto per via del simpatico cagnolino che la accompagna.

Se mordi tu, mordo anch'io

Appoggiata allo stipite della porta di un appartamento altrui, osservo due persone anziane, sedute pacificamente l'una accanto all'altra sul sofà. La donna, il telecomando in mano, guarda l'edizione serale del telegiornale. L'uomo, mani intrecciate sulla pancia, osserva un bassotto dal pelo ruvido che dorme beato per terra. Un idillio di cui mi stuferei alla svelta, se non sapessi che un compito preciso mi attende.

«Allora, chi si alza?» domanda la moglie al marito. La frase, tradotta, potrebbe anche suonare così: «Forza, dimostrami che sei un cavaliere e pensaci tu».

Il marito sospira, guardando il cane: «Ma lo sai che morde» replica, nella speranza che lei lasci perdere.

«Be', allora morderà me!» ribatte la moglie, indicando se stessa con aria indignata.

Opporsi a questo modo di mettere le cose va evidentemente al di là delle capacità retoriche del marito: «Bravo cagnolino...» mormora in tono rassicurante e si alza. Zac, il cane si getta subito su di lui. E l'uomo viene severamente punito solo perché si è mosso. Torna a sedersi sul sofà, tenendosi la gamba dolorante: «Vedi che mi ha morso?» dice alla moglie.

«Certo, è proprio per questo che abbiamo fatto venire qui la signora Nowak» risponde lei tranquillamente.

«Eppure prima o poi dovrete alzarvi. Com'è che avete risolto il problema finora?» domando, costernata da questa scena che, evidentemente, rientra nella normalità.

Con aria significativa la moglie fa oscillare in aria una museruola.

Mi siedo su una sedia – nella speranza di poterla anche lasciare, in seguito – e chiedo come si comporta in altre situazioni.

Non ci vuole molto per scoprire che Benny esercita un controllo assoluto sulla vita domestica della coppia. Vigila su ogni singolo passo e durante il giorno non si stacca mai da loro. Se uno dei due si allontana, Benny raddoppia addirittura la vigilanza, perché si mette a seguirlo tenendo d'occhio contemporaneamente anche l'altro, e quindi è costretto a correre in continuazione di qua e di là.

La situazione mi sembra chiara: Benny, dopo aver protetto e sorvegliato il suo 'branco' tutto il giorno, alla sera è stanco morto e non ce la fa proprio più. Non ha più la forza di correre dietro ai padroni ed è per questo che loro devono starsene buoni e seduti al loro posto. Almeno è così che interpreto il suo comportamento. Tuttavia, resto stupita dall'aggressività che dimostra in questo caso, perché normalmente sembra piuttosto riservato e sottomesso.

Chiedo alla moglie di mettergli la museruola e poi di alzarsi. «Per favore, lo faccia restare al suo posto, mentre lei esce dalla stanza».

«Figuriamoci se resta fermo» dice, mettendo al cane la museruola. «Non ce la fa proprio».

«Eppure deve averlo imparato per forza» replico divertita. «Sua madre era sicuramente in grado di costringerlo a restare fermo. Si immagini una cagna che tira su i suoi piccoli in mezzo alla natura e che non è capace di tenerli al nascosto in un cespuglio, mentre sta arrivando un cinghiale enorme!»

«Ma qui non arrivano cinghiali» ribatte la moglie.

«Ne è proprio sicura?» domando ridendo.

Ma lei non apprezza la battuta. Afferra il collare del cane e, trascinandolo al suo posto, gli grida: «Fermo qui! Devi restare qui!» Come se non bastasse, lo fissa con aria aggressiva e, per tenerlo lontano da sé, tende il braccio in modo esagerato, neanche fosse un distanziale.

Trotterellando, Benny fa qualche passo verso di lei:

«Indieeetro!» strepita istericamente.

Con la coda tra le gambe, si mette al riparo sotto il tavolo. «Wuuuu, wuuu, wu!» recrimina, per quanto la museruola glielo consente.

«Ecco, ha visto!» esclama, quasi trionfante. «Non solo non vuole saperne di restare fermo, ma si è messo pure ad abbaiarmi contro!»

«Perché ha paura di lei» replico in tono tranquillo.

«Sciocchezze!» obietta con aria sprezzante, dopodiché si lancia infuriata su Benny. Acchiappa il cane spaventato sotto il tavolo e, dopo averlo trascinato fuori, gli assesta tre colpi sulla schiena. Benny ha le pupille dilatate e la morderebbe sicuramente, se non ci fosse la museruola a impedirglielo.

«Basta! La smetta! Cosa sta facendo?!» esclamo scandalizzata.

«Ma non vede che vuole mordermi di nuovo?»

«Per forza, lo ha picchiato!» ribatto, ormai furiosa anch'io.

«Sciocchezze, l'ho picchiato perché mi ha morso» afferma.

Senza dire una parola, le porto via il cane e mi accuccio vicino a lui sul pavimento. Benny si sdraia immediatamente tra le mie gambe. Il marito tiene lo sguardo fisso a terra, imbarazzato. Ho l'impressione che trovi la situazione estremamente spiacevole.

Faccio un paio di sospiri per tranquillizzarmi. Poi mi rivolgo alla moglie: «Lei vorrebbe dire al suo cane di rimanere fermo in un determinato posto, giusto?»

«Sì, e lui si è mosso!» risponde piccata, tornando a sedersi.

«Si è mosso perché gli ha detto qualcosa che nella sua lingua suona in modo completamente diverso» replico, cercando di cominciare a spiegarle.

«Come, nella SUA lingua?» esclama, facendomi il verso.

Rimango sempre sgomenta nel constatare che le persone non credono all'esistenza di lingue diverse dalla loro. Una volta in Portogallo mi sono ritrovata accanto una turista tedesca che insisteva a chiedere in dialetto svevo un biglietto dei mezzi pubblici a un impiegato portoghese. Fece di tutto per identificare quello strano idioma, finché a un certo punto persi le staffe e gli tradussi che cosa la donna voleva da lui. «Idiota!» esclamò quando il tizio le diede finalmente il biglietto, rivolgendogli uno sguardo carico di disprezzo. Un'arroganza che mi lasciò senza parole.

Mi sembrava di assistere di nuovo alla stessa scena. «Il cane non ha fatto nulla di male, è lei che ha sbagliato».

La moglie volta di scatto la testa all'indietro, sorpresa. Il marito, seduto in poltrona, ritrova finalmente la parola:

«Ah sì? Che cosa intende di preciso?» domanda incuriosito.

Mi piazzo davanti alla moglie e poi mi allontano lentamente, indietreggiando e guardandola fissa negli occhi. «Se si muove così, sta dicendo al cane: 'Seguimi!' Finché guarda un cane significa che vuole qualcosa da lui. Se, ad esempio, si allontana senza rivolgere lo sguardo altrove, lo attira dietro di sé come un magnete».

«Ma gli ho teso la mano proprio per farlo restare lì» ribatte indignata.

«Se si allontana in questo modo e, per di più, gli tende pure la mano, è come se dicesse: 'Seguimi, ma *lentamente* per favore!' Proprio quello che il cane ha fatto. Si è avvicinato solo di qualche passo e poi è rimasto fermo. E lei invece gli è saltata addosso, gridando. Di conseguenza si è spaventato ed è scappato via, perché il suo comportamento gli è parso incomprensibile e minaccioso. Aveva fatto quello che voleva e lei lo ha sgridato lo stesso. Poi, come se non bastasse, l'ha trascinato fuori da sotto il tavolo e l'ha picchiato. Per un errore che aveva commesso lei».

La moglie ci pensa su. Il marito tende il busto in avanti, seguendo la nostra conversazione come un emozionante incontro di tennis.

«Non è vero, l'abbiamo imparato al corso di addestramento!» esclama con aria di trionfo la donna, soddisfatta di aver scovato quest'argomentazione salvifica. «Bisogna dire: 'Resta lì' e poi allontanarsi dal cane con la mano tesa».

«E con Benny ha mai funzionato?»

La donna si morde il labbro per la rabbia.

«Le è mai capitato di vedere un cane che dice a un altro 'Resta lì' e poi si allontana tendendo la zampa?» domando e poi proseguo: «Ovviamente questo modo sbagliato per dire 'resta lì' funziona quando il cane ha imparato: 'se un uomo mi fa segno di seguirlo lentamente, in realtà significa che devo restare per un po' dove sono. Se obbedisco, mi dà una ricompensa o un dolcetto, quindi ne vale sicuramente la pena'. I cani sono maestri nell'arte di adattarsi a noi e alla nostra incompetenza. Ma funziona soltanto perché non ha niente da perdere. Se invece sta passando un capriolo, oppure se si vieta al cane di esercitare la sua funzione di controllo, come ha appena fatto lei con Benny, questo comando non funziona. Ma se comincerà a dirgli di star fermo nella sua lingua e nel modo giusto, vedrà che le obbedirà sicuramente. E in qualsiasi situazione».

«Anche quando usciamo tutti e tre?» domanda la moglie.

«Certo» rispondo.

«Voglio proprio vedere» ribatte.

Con aria tranquilla, porto Benny nel suo cantuccio, faccio un gesto per contenerne i movimenti, dopodiché mi giro e mi allontano. Non appena sento zampettare sul parquet, mi volto e mormoro qualcosa in segno di avvertimento. Dal momento che non reagisce, ricorro a un gesto più chiaro per bloccarlo. Allora torna quatto quatto al suo cuscino e si siede. Mi allontano di nuovo. Benny resta fermo. Dopo un po' mette una zampa fuori dalla cesta. Nuovo segnale di avvertimento. Lui ritira la zampetta e inizia ad ansimare. È evidente che ha perso il controllo. Ha le pupille dilatate e, per scaricare la tensione provocata dal divieto di muoversi, comincia a sbavare e uggiolare. Non è certo un bello spettacolo. Ma adesso Benny non ha bisogno di compassione, bensì di una persona sicura che lo guidi, affinché possa cedere le sue funzioni di controllo e liberarsi dal peso delle responsabilità quotidiane che lo affliggono.

Dopo un po' sembra abituarsi alla nuova situazione. Si sdraia e, da lì a qualche minuto, appoggia per terra la testa. Dà l'impressione di essere molto sollevato all'idea che qualcuno sbrighi il lavoro al posto suo.

Ora è chiaro che il problema si ripresenterà se i padroni di Benny non cambieranno atteggiamento nei suoi confronti. Per questo è importante mostrargli quello di cui ha bisogno.

«È un puro caso, perché non sa più cosa sta succedendo» dichiara la moglie, vedendo che siamo in corridoio ormai da dieci minuti e il cane non si è ancora mosso dal suo posto.

«Benny sente di non aver più compiti da svolgere, per questo può riposare» ecco il mio commento alla situazione.

«Sciocchezze, tanto a parte mordere non faceva niente neanche prima. Una sculacciata è sempre la cura migliore» afferma in tono risoluto. Si capisce che vuole avere sempre l'ultima parola e che le mie argomentazioni non le fanno né caldo, né freddo.

Anni fa avevo assistito sulla S-Bahn a una scena memorabile. Sale un uomo massiccio e si mette a insultare i passeggeri, che si allontanano con la coda tra le gambe. Il tizio dà l'impressione di essere piuttosto forte e minaccioso, anch'io abbasso la testa, mettendomi sulla difensiva. Intanto la sua aggressività aumenta e la paura dei presenti pure. A un tratto si alza un vecchietto. Sorridendo, si avvicina al gigante e lo abbraccia. Tutti i passeggeri restano paralizzati. Anche il gigante rimane immobile per qualche secondo, poi sprofonda nell'abbraccio. Si aggrappa a quell'ometto minuscolo che gli arriva al petto e scoppia in singhiozzi.

Osservo la donna e capisco che mi manca la dolcezza del vecchietto.

Però, in maniera del tutto insperata, arriva in aiuto il marito. «Scusi, ma come ha fatto?» domanda con un gesto in direzione della stanza.

Gli illustro tutta la procedura a ruoli invertiti. Lui è Benny e deve restare in corridoio, in un determinato punto. Se proverà ad allontanarsi, gli lancerò un segnale di avvertimento. Se non resterà fermo, sbarrerò lo spazio a sua disposizione. Poi faccio io la parte di Benny e il marito può esercitarsi con me.

Anche se la moglie esprime sbuffando il suo disprezzo per il nostro 'teatrino', il marito impara in fretta.

Dopo aver chiamato Benny, cedo al marito il guinzaglio e gli dico di riportare il cane al suo posto per esercitarsi con lui. Vedendo il padrone che fa un movimento quasi impercettibile con la spalla per ordinargli di restare dov'è, Benny lo osserva meravigliato. Si blocca perplesso e intanto riflette. Può fidarsi di un uomo che finora si è tenuto nell'ombra? Ci pensa su e poi lascia il suo cantuccio.

«Avvertimento!» ordino all'uomo che, come tutti i principianti, fissa attonito il cane, perché non si comporta come vorrebbe lui.

«Shhh!» fa in tono esitante.

Benny si rifugia sotto il tavolo.

«Che idiozia!» commenta la moglie che assiste allo spettacolo incuriosita.

Ma il marito le fa capire con un gesto di non intromettersi e al contempo mi interroga con lo sguardo.

«Ha peccato di eccessiva cautela. Immagini di star verificando le mie capacità. Se le dicessi tremante: 'Magari potremmo, solo se non le è di disturbo, ammesso che sia possibile, fare eventualmente questo e questo', mi riterrebbe una persona competente?»

L'uomo scuote la testa.

«Quanta maggiore fermezza dimostrerà, tanto più Benny crederà che il suo padrone sa cosa fare e per questo è così sicuro. Non parlo di aggressività, ma di fermezza. Deve irradiare sicurezza, deve fargli capire che sa cosa bisogna fare e che rimarrà della sua idea. Altrimenti non può fidarsi di lei come guida. Perché in caso di pericolo ne andrebbe della sua vita».

Riporto indietro Benny per ripetere la situazione. Non appena accenna ad allontanarsi, il padrone fa «shhh!», stavolta al momento giusto e in tono così secco che il cane sussulta, si blocca e fa uno sbadiglio.

«Guarda, adesso si annoia pure!» sghignazza la moglie.

«Stavolta per la tensione è stato un po' troppo imperioso» gli spiego. «Prenda Benny come specchio. Se non la sta a sentire, vuol dire che è stato poco convincente, se invece si lecca il muso per tranquillizzarsi, oppure è agitato e sbadiglia, significa che ha esagerato».

Lui annuisce. Ora mi accorgo quant'è sorpreso dal fatto che Benny sia rimasto al suo posto.

«Certo, è meraviglioso vederlo lì seduto, ma poi che facciamo alla sera, quando si mette a mordere?» La moglie chiaramente sta cercando di provocarmi.

«Smetterà di mordere, perché non avrà più alcun motivo di farlo» replico. «Secondo me morde perché alla sera è stremato dal suo lavoro, che è quello di proteggerla, e non ne può più di correre di qua e di là, solo perché lei si vuole alzare. Per questo ha ideato uno stratagemma per costringerla a rimanere seduta. Mordere. Ma se farete in modo che Benny non debba correre avanti e indietro tutto il giorno, alla sera non sarà più così stanco e inoltre riceverà il segnale che non ha bisogno di controllarvi in continuazione. Potrete andare dove volete e badare a voi stessi da soli».

Fisso la moglie negli occhi: «Un'altra cosa importante: Benny non dovrà più sapere che cosa sono le urla e le botte. Credo che se ha preso l'abitudine di mordere è solo perché qui dentro non è l'unico a farlo» dico.

Il marito si copre terrorizzato la bocca con la mano, come se gli fosse sfuggito qualcosa di sconveniente.

La moglie se ne va offesa in salotto.

Il marito guarda nella sua direzione, come se si aspettasse di vederla tornare indietro. Ma siccome non succede, mi domanda tutto contento:

«Ci esercitiamo ancora un po'?»

Uno scomodo dovere

Suono il campanello. Subito risponde abbaiando la voce profonda e compiaciuta di un grosso cane.

Quando lo vedo capisco che mi sono sbagliata. Non è un cane grosso, ma enorme, di quelli che peseranno una cinquantina di chili. Jim è un ridgeback a cui non basta essere solo forte e grande. Tutto in lui è meravigliosamente esagerato. Un capolavoro. Il cranio, in particolare, sembra fatto apposta per cozzare come una testa d'ariete contro la bocca del mio stomaco. Mi sforzo di far finta che l'assalto mi lasci indifferente, ma non è semplice, visto le ondate di nausea che mi invadono.

A un certo punto Jim corre dalla padroncina e le dà una testatina sulla mano, come per dire: «Visto come sono stato bravo?»

Lei distoglie dimostrativamente lo sguardo e ha senz'altro un piano concreto per intervenire. Peccato però che le sfugga cosa stia realmente accadendo.

Visto che la padrona guarda da un'altra parte, Jim giunge alla conclusione di essere l'unico a dover fronteggiare l'invasione dell'intrusa e adotta una nuova tattica. Con le zanne mi attira la mano nelle sue fauci enormi, aspettandosi una reazione da parte mia.

Con un certo sforzo riesco a concentrarmi e a fingere

interesse per una macchia che si staglia sulla porta. Intanto Jim affonda le zanne nella pelle sottile della mia mano.

La mia indifferenza sembra turbarlo. Dopo una breve pausa in cui entrambi raccogliamo le idee, inizia a premere ringhiando il suo corpo pesante contro il mio, tentando di schiacciarmi contro il muro. Nel frattempo converso con la sua padroncina, ostentando indifferenza, nella speranza che, preso alla sprovvista da questa tattica, mi lasci andare.

Per tutta risposta, con il cranio mi dà un'altra botta alla bocca dello stomaco, ancora più forte.

È giunto il momento di vedere se fa sul serio o vuole soltanto dare spettacolo – e devo sbrigarmi, prima di finire k.o. Senza degnarlo di uno sguardo, avanzo di un passo verso di lui. Il cane arretra stupito, senza osare buttarsi ancora in avanti. Allora ne approfitto per prendere lo slancio con la coscia e spingerlo all'indietro. Jim si smarca con un salto. Sul muso corrucciato spiccano le rughe che rendono così affascinanti i cani della sua razza.

Il suo era solo un bluff.

Metto una scatoletta di wurstel sul pavimento. Non appena Jim fa per buttarsi sulla preda, gli faccio «shhh», a mo' di avvertimento. In effetti, basta sporgere un po' la testa in fuori e fissarlo severamente, perché Jim si metta subito seduto sulle sue natiche possenti e muscolose. Intanto fissa malinconicamente i wurstel, mentre lunghi fili di bava gli colano dal muso sul tappeto.

Penso alla colf russa che lavora in quella casa. All'addestramento sarà presente anche lei e, in base all'impressione che ne trarrà, deciderà se licenziarsi o meno. Infatti da un paio di settimane Jim ritiene suo preciso dovere spingere Svetlana contro il muro mentre lavora. Ormai non la lascia più entrare in casa e ha cominciato a comportarsi così anche con tutti i vicini e gli amici.

Appena squilla il campanello, blocco Jim con un secco 'shhh' di avvertimento. Lui si sdraia subito. Svetlana viene avanti, guardandosi intorno con timore. Non si fida neppure vedendolo pacificamente sdraiato.

La invitiamo a sedersi accanto a lui. Jim la guarda per un istante e poi riabbassa la testa.

«Ma di solito quando arrivo» dice con la erre linguale tipica dei russi, «non mi lascia lavorare. Mi fa paura. Ringhia e mi viene tra i piedi» dice, indicando davanti a sé.

Jim chiude gli occhi.

«Se Jim non reagisce in alcun modo alla sua presenza, non so bene come spiegarle cosa potrebbe fare» le dico perplessa.

Svetlana cerca allora di dare il meglio di sé. Gli passa un paio di volte davanti, facendo rumore. Sbatte un secchio contro l'altro, addirittura lo scavalca coraggiosamente.

Jim socchiude appena gli occhi, assonnato.

Svetlana si lascia cadere stremata sul davanzale e lo fissa incredula. Poi dà un'occhiata alla padrona del cane e, congiungendo le mani come se stesse pregando, dice solennemente: «Ti supplico, Jim, fa' come al solito. Ti supplico!»

La padrona annuisce: «Lo so, l'ho visto come si comporta con i vicini e i nostri amici. Anche quando è arrivata l'addestratrice» e indica me, «ha fatto proprio così».

Mi guardano perplesse tutt'e due. Mi sento quasi imbarazzata per aver risolto il caso così in fretta.

«Potremmo chiedere alla vicina di suonare il campanello e venire avanti. In genere, non fa entrare neanche lei» propone speranzosa la padroncina di Jim. Buona idea. Chiamiamo la vicina e intanto spiego alla padrona come comportarsi.

«Ding-dong». Gli occhi di tutte sono fissi su Jim. Indignato per l'arrivo di un altro seccatore, alza la testa, ma la riabbassa immediatamente, rilassandosi, non appena coglie l'avvertimento della padrona. Cosicché lei è libera di andare alla porta e di far entrare la vicina, che cerca incuriosita il cane con lo sguardo. Ma lui non si muove. La vicina saluta me e Svetlana con un certo sollievo e si siede accanto a noi. Jim rimane immobile nella sua posa assonnata.

La padroncina lo guarda e dice: «Ora lo riconosco finalmente. Prima di cominciare ad attaccare le persone, non avrebbe fatto altro che dormire».

«Ma il punto è: perché ha cambiato atteggiamento?» mi domando.

La padroncina si stringe nelle spalle perplessa.

Indico col dito il cane.

«Credo che un giorno Jim abbia scoperto per caso l'effetto che fa, con la sua stazza. Magari è sbucato all'improvviso davanti a Svetlana, mentre lei stava pensando ad altro, e l'ha vista trasalire e spaventarsi, come è normale che sia. Spaventare una ragazza è un bel diversivo, quando ci si annoia da soli a casa, senza il proprio branco. E, visto che, in realtà, Jim è proprio un bambinone, deve essere rimasto sorpreso anche lui dall'effetto. Di colpo ha capito di essere un tipo che ottiene facilmente il rispetto altrui. È probabile che abbia fatto un secondo esperimento, per vedere se funzionava anche quella volta, e Svetlana glielo ha confermato involontariamente. Poi avrà cercato altre occasioni per verificare il proprio potere e i vicini gliele hanno fornite proprio al momento giusto. Anche in quel caso gli è andata alla grande, perché loro si sono spaventati e se ne sono andati. Così, alla velocità della luce, Jim il bambinone si è trasformato nel lupo cattivo. L'unico neo era che questo gioco lo costringeva a essere attivo e a trascurare la sua occupazione preferita: dormire. È per questo che sembra molto più rilassato adesso che si sente esentato da questo scomodo dovere».

Jim non ha minacciato mai più una persona. Al contrario.

Un anno dopo, grazie anche all'impegno della sua padroncina, ha seguito presso il mio istituto un corso di pet therapy, portandolo a termine con intelligenza, gioia e abnegazione.

Adesso lavora una volta alla settimana con persone affette da demenza senile.

Al buio

Dov'è il 216? Mi sono persa nel deserto di un quartiere di recente costruzione. Per non perdere tempo, telefono alla cliente che mi sta aspettando.

Clic. Ha sollevato il ricevitore. Silenzio.

«Pronto» esclamo.

Silenzio.

«Mi sente? Sono Maja Nowak, l'addestratrice».

Silenzio. Poi un «Eeeh?» al rallentatore.

Silenzio. Decido di aspettare, tanto ormai so che c'è qualcuno al telefono.

Silenzio.

«Una biblioteca... di fronte» mi risponde alla fine una voce molto flebile. La donna è sotto l'effetto di stupefacenti, è malata? Con un presentimento sgradevole mi metto alla ricerca di una biblioteca. In effetti ne trovo una, proprio davanti al numero 216.

Suono, l'apriporta scatta. Entro e vedo una porta spalancata al pianterreno. Davanti c'è una sedia a rotelle. Sul campanello il cognome della mia cliente.

«Buongiorno. Posso entrare?» domando.

In una stanza cade rumorosamente qualcosa. La porta si apre. Da dietro l'angolo sbuca fuori una ragazza a quattro zampe, trascinando in modo strano gli arti. Il suo volto ricorda molto quello della pittrice Frida Kahlo. Mi rivolge uno sguardo amichevole, poi le pupille ruotano lontano, come spinte da una forza invisibile, per fermarsi infine sul soffitto. Nel frattempo un cucciolo minuscolo di chihuahua fa capolino. Per trascinarsi in avanti, la ragazza rifila con le mani delle belle sberle al pavimento e per poco non becca anche il cucciolo, grande non più di un criceto. Mentre sto per raccoglierlo da terra, la porta della stanza si apre di nuovo. Sulla soglia appare una donna piuttosto grassa.

«Venga» dice debolmente, come se parlare le costasse molta fatica, e indica la porta di un'altra stanza. La voce è quella che ho sentito al telefono.

«Buongiorno!» Per fronteggiare lo stupore, cerco di recuperare le normali modalità del far conoscenza. «È lei che voleva vedermi?»

«Sì, sì» risponde in tono fiacco, ma pronto.

Intanto la ragazza mi ha raggiunta e mi ha afferrato per la gamba dei pantaloni. «Ciaooo!» esclama raggiante.

Mi accovaccio. «Ciao. Come ti chiami?»

«Aaaan... dreee... jaaa». Questo nome esce dalla sua gola come gorgogliando. Ma non è solo la voce a rivelare i sintomi di una paralisi spastica. Anche le sue membra sussultano, si contorcono e sembrano governate da forze estranee.

Con un movimento involontario del corpo fa ruzzolare il cucciolo ai miei piedi. «Oh, povero!» esclamo. Il cane scappa via terrorizzato, cercando un'improbabile via di salvezza tra le braccia della ragazza.

La stanza è affollata di oggetti che sembrano attendere qualcosa da lungo tempo. Un tostapane aspetta impolverato sul divano. Per ingannare l'attesa, i libri si sono radunati in un mucchio sul pavimento e ora aspettano tutti insieme. Vestiti sporchi e rifiuti attendono invece sparsi un po' dappertutto. Mi siedo sul divano insieme al tostapane, nell'unico punto ancora libero.

La ragazza mi segue tutta eccitata: «Ziaaa, quaaant'è che reeesti?»

«Rimango qui per un'ora» le rispondo in tono amichevole, anche se sono terrorizzata al solo pensiero.

Allora la ragazza si tira su aggrappandosi a me e al divano, e mi appoggia la testa in grembo. Sono sopraffatta da questo gesto di confidenza e insieme sconvolta dalle condizioni in cui si trova l'appartamento. Tutte le finestre sono schermate da drappi di tessuto, come per sbarrare ogni via d'uscita. Malgrado la luce accesa, mi sento come al buio. La donna si è seduta un po' in disparte, dietro una scrivania cosparsa di rifiuti, e fissa il vuoto davanti a sé.

Avete presente quella sensazione che avete sperimentato senz'altro durante l'infanzia, quando vi sembra che nella stanza ci sia qualcosa che vi osserva? Qualcosa di misterioso che vi fa venire la pelle d'oca? L'ultima volta che mi è capitato di avere una sensazione del genere è stato quarant'anni fa.

E ora... è lo stesso.

Avverto un prurito alla nuca. Mi volto, ma dietro di me c'è solo il muro.

Lancio un'occhiata a sinistra. La donna guarda con aria funerea davanti a sé. Allora mi giro a destra. Lì c'è soltanto la ragazza.

Ma loro arrivano... da davanti.

Sono proprio sopra di me. Un esercito di trenta uomini mi guardano dai ripiani superiori dell'armadio a muro. Mi fissano... con occhi gelidi... e scintillanti.

Strizzo gli occhi. Loro restano lì. Con le braccia piegate

ad angolo retto e le mani tese in avanti. Danno l'impressione di essere rimasti congelati nell'attimo in cui hanno alzato le mani. Gli abiti di pizzo accentuano l'impressione grottesca, piuttosto che stemperarla.

Il muro del terrore, ecco come intitolerei quell'immagine, se fosse un dipinto. Tuttavia, per quanto assurdo possa sembrare, quelle bambole immote danno l'impressione di essere più vive della donna e più adulte della ragazza. Sento che mi sta venendo la pelle d'oca.

«Ma tu aiuuuti i cagnoliiini?» mi chiede la ragazza in quell'esatto momento, distraendomi dai miei pensieri.

«Sì, e adesso chiederò alla mamma come posso fare per aiutare il tuo!»

La ragazza sorride felice.

«Potrebbe spiegarmi perché mi ha chiamata?» domando in direzione della donna.

Anche se mi sta guardando, i suoi occhi sono vuoti.

«Adesso mi deve rispondere, altrimenti non possiamo cominciare» dico, cercando di conferire fermezza alla mia voce.

La donna tiene le mani intrecciate sul grembo e le spalle curve in avanti. La ragazza invece ha preso le mie mani nelle sue e ci sta giocando.

«Il cane deve imparare a fare i bisogni nella cassetta» dichiara a un tratto la donna.

Tutto mi sarei aspettata, ma non questo.

«L'allevatrice mi ha detto che può imparare, ma lui la fa ancora in giro» aggiunge.

«Ah, intende una soluzione provvisoria, finché ha ancora una vescica da cucciolo?» domando, sollevata all'idea che abbia cominciato a parlare.

Ma lei mi guarda come se non capisse: «Niente soluzioni provvisorie. Deve imparare ad andare alla toilette e basta. Mia figlia ha un handicap grave, come vede» e indica la ragazza che continua a stringersi a me. «Ovviamente non può camminare e io soffro di depressione. Non esco mai neppure io».

Resto di stucco: «Ma allora perché avete preso un cane? Un cucciolo, per di più?»

«Mia figlia non può stare sempre da sola» dichiara in tono inespressivo.

Deglutisco. «Se ho capito bene, il cane dovrebbe vivere i prossimi quindici anni chiuso in quest'appartamento?»

Mi fissa attentamente. La prima reazione da parte sua. «L'allevatrice mi ha detto che può imparare a fare i bisogni nella cassetta».

«Certo» replico, «ma solo finché è un cucciolo. Io credo che l'allevatrice non sappia che il cane è destinato a vivere qui dentro».

La donna sporge il labbro inferiore, assumendo un'aria caparbia. «Ci siamo viste, ovviamente lei sa tutto».

Sono senza parole. Com'è possibile che un'allevatrice abbia affidato il cane a questa donna, pur ammettendo che ignorasse la sua decisione di tenere il cane chiuso in casa? Le chiedo di mostrarmi il contratto di vendita.

Si alza lentamente, come se le facesse male qualcosa e, scavando tra le bambole sparse qua e là, apre alcuni cassetti. In effetti dopo un po' trova il contratto.

«Vede, è tutto a posto». Getta il foglio verso di me, sul divano sovraffollato. Intanto la ragazza ci guarda spaventata. «Buuuuono, buuuono cagnoliiino!» esclama irritata.

«Ma certo!» confermo, nel tentativo di tranquillizzarla, e le accarezzo i folti capelli neri raccolti in due trecce.

La madre dice indicandola: «Il suo livello di sviluppo è quello di una bambina di sei anni».

Una bambina di sei anni capisce tutto, penso sconvolta. Guardo il volto fiducioso di quella ragazza davvero bella, il suo sguardo che finisce sempre per smarrirsi. Le sue sopracciglia si toccano come quelle di Frida Kahlo e anche il genere di bellezza è lo stesso. «Quanti anni hai» le chiedo.

«Ffff... mmmmmm... diiii...»

«Diciotto» la madre si immischia nel tentativo della figlia. La ragazza fa un gesto in aria, offesa perché le hanno tolto la parola, e si volta dall'altra parte.

«E come ti chiami?» le domando di nuovo, nonostante sappia già il suo nome.

«Aaaan... dreee... jaaa» risponde felice e torna a stringersi a me.

Il suo modo di fare, così aperto e fiducioso, mi commuove molto.

Sul contratto c'è scritto il numero di telefono dell'allevatrice. Mi rivolgo alla madre. «Signora J., non si può tenere un cane chiuso in un appartamento senza farlo uscire mai. Mi dispiace doverglielo dire, ma lei non può costringerlo a vivere in queste condizioni. Deve restituirlo. Il cane dà l'impressione di essere spaventatissimo e l'handicap di Andrea lo mette in una situazione di notevole pericolo».

Allora la donna si china, afferra il cane e se lo stringe al petto. Mentre compie questo gesto si lascia sfuggire un gemito sordo, talmente sincero e sentito, che rimango anch'io come paralizzata. All'improvviso capisco che se il cucciolo si è ritrovato lì non è tanto a causa di Andrea, quanto di sua madre. È lei ad averne bisogno. Quando si china in avanti, il cagnolino minuscolo scompare tra le pieghe della sua pancia.

Mi sento invadere dall'angoscia.

«Posso chiederle se si sottopone a trattamenti contro la depressione?» domando, e intanto cerco di concentrarmi sul tostapane per non perdere il controllo.

Lei inizia a dondolare il busto avanti e indietro, seppellendo nel grembo il povero cane. «Non serve a niente» mormora con lo sguardo fisso sul pavimento. «Le ho già provate tutte».

«Assume psicofarmaci?» le chiedo.

La donna tace. Quindi non fa uso di medicinali. Eppure esistono cure molto efficaci contro la depressione. Il problema è che, purtroppo, la mancanza di stimoli che si accompagna alla malattia diventa spesso la causa per cui non si intraprende alcuna cura.

«Signora J., ora devo chiamare l'allevatrice per chiederle di riprendersi il cane» dico in tono risoluto.

La donna lo stringe al petto e grida: «No! Allora mi deve dare indietro i trecento euro!»

Avendo messo in conto proteste più vibranti, comincio a comporre il numero.

«Sì? Sono B.» risponde una voce femminile.

«Buonasera, signora B. Sono un'addestratrice di cani e in questo momento mi trovo a casa della signora J. Sono rimasta piuttosto sorpresa dalle condizioni che ho trovato e, siccome sono certa che il futuro del cucciolo le stia a cuore, volevo farle sapere che Sunny è destinato a vivere esclusivamente in casa. Per tutta la vita. Nessun componente della famiglia è in grado di uscire con lui e di provvedere alle sue esigenze. Perciò vorrei chiederle di riprendersi indietro il cane e di affidarlo ad altri. Qui non può rimanere».

«Cosa? Ma non potevo saperlo!» esclama la donna agitata.

«Proprio per questo ho voluto informarla» replico. «Potrebbe restituire alla signora J. il denaro che ha ricevuto, o almeno una parte? Ha una figlia disabile, credo che sarebbe il caso».

«Certo che no!» ribatte in tono energico. «Non è possibile. Ormai l'ha comprato – basta».

Guardo la donna che sta pressoché schiacciando il cucciolo col suo peso e chiedo: «Anche se il cane comprato è in pericolo di vita?»

Silenzio. «Così su due piedi non posso» spiega in tono esitante.

Dondolo nervosamente il piede: «Qui il cane non solo si trova in condizioni inadeguate, ma anche in pericolo. Quando viene a prenderlo? Altrimenti devo chiedere l'intervento della protezione animali».

«Okay, cerco di passare dopodomani» risponde l'allevatrice, un po' più conciliante.

«E se la sentirebbe di restituire qualcosa alla famiglia, dal momento che può affidare il cane a qualcun altro?» insisto.

«Vedrò cosa posso fare» risponde.

«Sarei felice se potessimo trovare un accordo, perché mi rendo conto che esistono determinate procedure da seguire» ribatto in tono molto burocratico.

Pausa. «Allora dopodomani alle 17» annuncia la signora B., venendomi improvvisamente incontro. «La metà gliela restituisco. Ma non di più».

«Grazie infinite!» esclamo e la saluto.

«Allora dopodomani alle 17 viene l'allevatrice a riprendersi il cane e le restituisce almeno la metà di quello che ha pagato» spiego alla donna.

Di colpo si mette a urlare: «Per la metà non glielo do! O mi restituisce tutto, o niente!»

Andrea scoppia all'improvviso a piangere: «Maaaamaa, non lo dare viaaa. Non lo daaare viaaa!»

Sono molto turbata perché non avevo tenuto conto del fatto che la ragazza potesse sentire e anche capire di che cosa stavamo parlando. Si stacca da me e si butta in lacrime sul pavimento.

Mi vergogno per la mia negligenza, come poche altre volte in vita mia. Mi siedo a terra accanto alla ragazza, ma è inutile. Cerca di picchiarmi e grida disperata: «Il cagnoliiino! Il cagnoliiino!»

Sua madre resta immobile sulla sedia e stringe il cane a sé. Vorrei che arrivasse una fata buona e rimettesse tutto a posto.

«Per favore, venga un attimo con me» ordino alla madre di Andrea in tono molto risoluto.

Mi guarda sorpresa, dopodiché mette giù il cane e mi segue.

In corridoio chiudo la porta alle nostre spalle, non prima di averle chiesto:

«Crede che possa succedere qualcosa a sua figlia?»

La donna scuote la testa.

«Signora J., riceve qualche forma di aiuto per lei e sua figlia? Se non esce mai, allora chi accompagna fuori sua figlia? Dov'è che sta tutto il giorno?»

La donna scoppia a piangere silenziosamente, il suo corpo è scosso dai singhiozzi. Le lacrime le scorrono sul volto impenetrabile. È come se fosse soltanto una specie di contenitore per un essere che vive in lei, nascondendosi nel suo profondo, e rivelandosi solo di tanto in tanto, come in questo momento.

«Secondo lei perché sono tanto malata? Forse perché gli altri mi aiutano?» Con una risata beffarda la donna interrompe l'essere che piange in lei. «Il padre di Andrea mi ha lasciata subito dopo che abbiamo ricevuto la diagnosi. E da allora sono rimasta da sola con la bambina».

«Perché non chiede aiuto?» domando costernata.

«Ma quale aiuto!» ribatte in tono duro. «Non voglio nessuno che possa portarmi via la bambina!» dice, premendosi le mani sul ventre.

«Le fa male qualcosa?» le chiedo sbigottita.

Scuote energicamente la testa.

«Ma allora quali forme di sostegno riceve Andrea?» chiedo per sondare la situazione.

«La visitano regolarmente e la curano! Sono in grado di provarlo!» esclama la donna in un tono così schietto che le credo subito.

«Ha contatti con altre persone? Sembra piuttosto socievole».

La donna tace.

«Signora J., le assicuro che anch'io mi sento a disagio. Faccio l'addestratrice di cani e non ho le competenze di un assistente sociale. Per questo non so quali possibilità concrete esistano per lei e Andrea. Se avesse deciso di non accettare aiuto solo per quanto riguarda la sua persona, rispetterei la sua scelta. Il problema è che lei ha stabilito che Andrea viva qui – e glielo dico senza giri di parole – come in una cella d'isolamento. Vive come dovrebbe vivere anche il cane: sprangata in un appartamento. Ma la ragazza ha bisogno di vedere altre persone, entrare in contatto con il mondo è fondamentale per il suo sviluppo psichico».

La donna alza le mani, come nel tentativo di difendersi.

L'idea che estranei possano entrare in casa sembra terrorizzarla.

«Esistono sicuramente centri di assistenza per Andrea, dove possano venire a prenderla e poi riportarla a casa la sera».

Geme, torcendosi convulsamente le mani.

«Anche lei deve farsi vedere da un medico. Oggi la depressione può essere curata, si può fare certamente qualcosa per alleviare la sua condizione. Se è vero, come dice, che è stata la malattia di sua figlia a farla ammalare, allora è lei ad avere innanzitutto bisogno di aiuto. Non posso semplicemente tornare a casa e far finta di non essermi ritrovata in una situazione di emergenza. Lei è malata, ma in possesso delle sue facoltà, e capisce certamente che, prima o poi, bisognerà pulire l'appartamento e che lei non ne è in grado, per via della depressione. Deve lasciarsi aiutare!»

La donna sbuffa furibonda. Per un momento ho l'impressione che voglia mettermi le mani addosso. I suoi occhi mi fissano – piccoli e sfavillanti. Le restituisco lo sguardo con estrema calma, ma cerco anche di non perdere di vista l'uscita.

«Non voglio minacciarla, signora J., ma solo aiutarla. Adesso vado via, ma cercherò di capire che possibilità ci sono. E poi, prima di intraprendere qualunque passo, le telefonerò. È d'accordo?»

«Non va diritta ai servizi sociali, vero?»

«Ho detto che le telefonerò» ripeto. «Dobbiamo fare qualcosa per Andrea perché adesso è fuori di sé a causa della situazione. Se le portano via il cane, bisogna essere in grado di spiegarglielo».

Ma lei fa un cenno evasivo. «Ah, vedrà che non ne farà un problema».

Questo gesto di noncuranza mi ferisce a tal punto che mi sento gelare. Mi dico che farò qualsiasi cosa, pur di aiutare la ragazza.

«Posso salutare Andrea?»

La donna spalanca con improvvisa fermezza la porta di casa: «No, è meglio se se ne va ora».

Quando per strada mi accolgono i soliti rumori della città e della gente, ho la sensazione bizzarra di essere al sicuro.

Per un istante mi chiedo se non sarebbe meglio dimenticare l'episodio, invece di immischiarmi nelle vite altrui. Un attimo di vigliaccheria.

Quello che mi fa paura è non sapere che cosa faranno gli altri dopo che li avrò informati. La ragazza vorrà restare certamente con la madre. Ma se gliela togliessero per affidarla a una struttura, la responsabilità sarebbe mia?

Cosa devo fare? Cosa posso fare?

Ancora sconvolta, svolto nella mia via e saluto sovrappensiero una donna davanti alla casa della comunità cristiana. In genere la vedo sempre all'interno dell'edificio, in una sala illuminata, intenta a parlare con la gente o a leggere un libro. Fisso il suo volto radioso e invitante, come una stanza ben riscaldata.

«Potrei chiederle un consiglio?» domando obbedendo a un istinto.

Annuisce felice e mi dice di entrare.

Un po' imbarazzata, mi siedo in una stanza decorata qua e là da citazioni bibliche. Come tedesca dell'est, nata nel 1961, non sono stata cresciuta nella fede in Dio. Adesso sono credente, ma il mio credo non ha nome. Credo che esista un destino, una vocazione, una forma di energia e che sia importante esserne consapevoli e seguirla. Sono molto riconoscente verso la vita e i suoi doni. Poter fare le cose che faccio con passione, ecco, per me questo è un dono, ad esempio. Tuttavia mi sento a disagio al pensiero di dover ascoltare quale nome ha ricevuto tutto ciò nella religione di questa signora. Non ho bisogno di un indirizzo. Perché lo trovo già in tutto ciò che mi rallegra, mi fa soffrire o mi insegna qualcosa.

La donna siede di fronte a me, in paziente attesa.

Comincio in tono esitante, poi i sentimenti prendono il sopravvento e le racconto quello che ho appena visto. Le rivelo anche la mia paura di peggiorare la situazione immischiandomi. «Che fare?» domando. Questa frase-chiave aleggia fatidica nello spazio sacro.

Benché la signora non si sia scomposta, vedo che è colpita anche lei da ciò che ha udito. «Deve assolutamente fare qualcosa» ecco la prima cosa che dice. «La eventualità di commettere degli errori non ci esenta dal dovere di aiutare. L'aiuto non è tale solo quando è perfetto. L'aiuto è una forza importantissima. Conosco una signora che lavora per i servizi sociali. Possiamo telefonarle e chiederle quale procedura viene seguita in un caso del genere e che cosa si può fare».

Le sue parole spirano su di me come una brezza fresca e mi sento subito più leggera.

La sua conoscente è a casa. Dopo che le ho illustrato la situazione, mi spiega che ci sono assistenti per casi particolari che possono aiutare la madre, se è malata. Per Andrea esistono varie tipologie di accoglienza in giornata, a seconda del tipo di disabilità. Mi assicura che anche a loro preme migliorare la situazione, non portare via la ragazza alla madre.

«Posso fidarmi davvero?» insisto.

«Signora Nowak, i media puntano i riflettori sulle decisioni sbagliate, mentre dei casi positivi di migliaia di famiglie che vengono aiutate quotidianamente non si parla mai. Ma questo, purtroppo, è normale per chi lavora con i minori».

La ringrazio, decisamente sollevata.

«La mia conoscente le è stata d'aiuto?» domanda amichevolmente la signora della comunità.

«Sì, molto, e anche lei!»

La mattina dopo telefono alla signora J. e le riferisco quello che ho saputo. «Sarebbe meglio che fosse lei a chiamarla» dico, lasciandole il numero della signora S.

«D'accordo» risponde, in tono fin troppo pronto e convinto.

«Questo pomeriggio telefonerò alla signora S. per chiederle com'è andato il colloquio» aggiungo.

«Non lo so se ce la faccio oggi». La donna para il colpo.

«Allora le comunico che la contatterò io alle 16 in via ufficiale, se non lo farà lei».

La donna riappende.

Alle 16 telefono alla signora dell'assistenza ai minori.

«Sì, la signora J. mi ha chiamata» risponde.

«Ah sì? Non l'avrei mai detto» mi rallegro.

«Mi ha telefonato per dirmi che non ha bisogno di aiuto. Allora le ho detto che preferiremmo verificare di persona se è vero, e ho fissato un appuntamento per domani».

«Potrei richiamarla domani per sapere cosa è successo?» chiedo.

«Certo, non si preoccupi. Adesso ci pensiamo noi».

*

Ci vogliono un paio di giorni perché la signora J. lasci entrare finalmente gli assistenti sociali in casa sua. Poi vengo a sapere quanto segue:

La signora J. viene invitata a rivolgersi a un medico per farsi curare. Andrea passa quattro ore al giorno in un atelier per disabili, dove può entrare in contatto con altre persone e svolgere varie attività. L'allevatrice si è ripresa il cane. Un'assistente per casi particolari aiuta la signora J. nelle faccende domestiche e monitora le sue condizioni.

Dopo l'aggiornamento sulla situazione della signora J. squilla di nuovo il telefono. «Buongiorno, mi chiamo W. Abbiamo un problema col nostro labrador. Ha cinque mesi e non obbedisce ancora quando gli diciamo 'A cuccia!' È grave?»

«No!» ribatto ridendo. «Non è assolutamente un problema».

Tre errori

Scale

Agli inizi della mia attività di terapeuta per cani, mi telefona una coppia perché il loro cane, uno shar pei che peserà una quarantina di chili, si rifiuta di scendere le scale di casa. Per salire sale, ma scendere – no. Da due anni a questa parte lo portano giù in braccio, quattro volte al giorno, cinque piani. Questo sì che è amore, penso. Dopo aver consultato cinque addestratori, non gli restano che due possibilità: sperare che io riesca a convincere il cane a scendere le scale, oppure trasferirsi in un appartamento al pianterreno.

Appena varcata la soglia dell'edificio, resto colpita dal candore della scalinata in marmo bianco. Mi viene subito un sospetto. Spesso i cani hanno paura delle vasche da bagno bianche perché non riescono a riconoscere il fondo. Vedono solo un precipizio bianco in cui sprofonda tutto. Ma appoggiando sul fondo uno straccio o un asciugamano, il cane può distinguere meglio dove finisce la vasca e si tranquillizza. Anche le scale della casa in cui vive la coppia sono bianche. Si tratta dello stesso problema? E se sì, ciò significa che il caso è già risolto?

Ma prima ancora di poter esporre la mia ipotesi, dal corridoio sbuca fuori uno shar pei formato extralarge che comincia a spingermi contro il muro. Cerca di mordermi e, se non ci riesce, è soltanto perché il suo muso, simile a quello di una foca, è una specie di museruola naturale. È talmente grosso e sporgente che, quando le zanne riescono a cogliere nel segno, la presa ormai è molto debole (purtroppo però non sempre è così, quindi non fidatevi quando ne incontrate uno che ha voglia di mordere).

Malou tiene in pugno la coppia. La sua padroncina, da tanto che lo ama, non riesce letteralmente a staccargli gli occhi di dosso. Il marito ha lasciato a lei il compito di educare il cane. Fa il buttafuori in un locale notturno e dice di averne già abbastanza lì di gente da 'educare'.

Chiedo loro di mettere il cane al guinzaglio e lo sottopongo a un esame della vista. Appoggio un pezzo di formaggio giallo sul pavimento bianco della cucina. La padrona lascia andare il guinzaglio. Il cane ci si butta senza esitazioni e lo risucchia rumorosamente nelle sue fauci enormi. Poi metto un altro pezzo sopra un contenitore per alimenti con il coperchio dello stesso giallo del formaggio, e un secondo pezzo sul pavimento bianco. Malou si precipita sul pezzetto che ho messo per terra e ignora quello appoggiato al coperchio giallo.

Per me il caso è risolto. Evidentemente, Malou non riesce a riconoscere i contorni interni di una superficie colorata in modo uniforme. Lo stesso accade anche con i gradini bianchi delle scale. Espongo alla coppia il mio sospetto.

Moglie e marito scuotono la testa con aria decisa. «No, è impossibile» dice lei. «Nella casa accanto c'è la stessa scalinata di marmo bianco. Un nostro amico abita lì e Malou scende le scale senza problemi».

La mia ipotesi crolla. Hmm.

Adesso gli chiedo di farmi vedere Malou alle prese con le scale. Malgrado abbia già due anni, ulula in maniera teatrale, senza freni inibitori, proprio come un cucciolo. Se avete anche voi un cane (o lo avevate), sapete bene cosa intendo: quel modo di ululare che ti fa rizzare i capelli in testa. Ovviamente, un ululato del genere serve più a sventare un'aggressione che ad annunciarne una. Nel comportamento canino l'ululato del cucciolo è il segnale estremo di sottomissione. E, in caso di attacco, può anche salvare la vita al cane che lo utilizza.

Anche Malou cerca di salvarsi la vita così e vi riesce alla perfezione. Infatti, non appena si mette a ululare, tutti lo lasciano subito in pace e non lo costringono più a scendere le scale. A ogni tentativo la sua padroncina sbianca in volto, dando così al cane l'impressione di avere anche lei un terrore panico delle scale. Se non succede qualcosa di brutto a entrambi è solo perché lui si è messo a ululare, ecco cosa gli dà a intendere con il suo atteggiamento. Anche il marito si comporta allo stesso modo. Non c'è da stupirsi se Malou ha paura di scendere le scale, neanche si trattasse delle cascate del Niagara.

Passiamo due settimane a desensibilizzare le scale usando cibo, esercizi e tutti gli altri stratagemmi suggeriti dalla terapia comportamentale. Niente da fare. Il cane si rifiuta di scenderle.

Nel frattempo affrontiamo altri aspetti fondamentali come fare una bella passeggiata al guinzaglio o convincerlo a non aggredire qualsiasi persona entri in casa. Tutte queste cose le impara sorprendentemente alla svelta.

Ma le scale...

Intanto tra me e la donna si è instaurato un buon rapporto. Le propongo un espediente che adotto spesso, pur spiegandolo ai padroni estremamente di rado. Vorrei comunicare con Malou sul piano non verbale per capire che cosa gli impedisce di correre giù per le scale. Lei ormai è disposta a tutto e si fida di me, visti i progressi ottenuti con Malou. Perciò acconsente a lasciarmi da sola con il cane in salotto per una mezz'ora.

Fatevi coraggio. Si tratta di fenomeni che non sono ancora stati spiegati scientificamente; d'altronde, agli scienziati il problema non sembra interessare troppo. Per il momento si parla di 'comunicazione animale', perché gli uomini hanno sempre bisogno di etichettare tutto per sentirsi rassicurati, o per fornire una base a quello che fanno. In fin dei conti tutto deve rientrare in un determinato ordine.

Nel mio caso, si tratta semplicemente di inviare immagini a un 'destinatario' e di riceverle. Con gli animali, ovviamente, è molto più semplice, perché non si lasciano disturbare dai pensieri. Anche con Anja, una mia collaboratrice nonché migliore amica, le cose vanno benissimo.

È una giornata molto calda. In genere comincio sempre questa forma di trasmissione di idee e immagini chiudendo gli occhi. Dopo un respiro profondo, cerco di immaginare dove sta guardando in quel momento il cane. Ora lo sento ansimare. Nello stesso istante al mio occhio spirituale si affaccia l'elica del ventilatore, posto in mezzo alla stanza. Della sua presenza mi sono accorta solo ora. Apro gli occhi. In effetti, Malou sta fissando proprio il ventilatore, con la testa girata verso destra. Quest'informazione è sufficiente per farmi capire che siamo già in contatto. Infatti non avrei potuto ricevere quest'immagine, se qualcuno non me l'avesse mandata. Il cane avrebbe potuto guardare da qualsiasi altra parte, eppure ho avuto la percezione netta che stesse fissando in quella direzione.

Poi cerco di visualizzare le scale. Le vedo chiaramente davanti a me.

Mi viene nausea. Ho la sensazione di guardare giù in un precipizio. Sono in piedi su un trampolino alto dieci metri e fisso una vasca bianca e vuota. Un incubo.

Guardo il cane e lui guarda me. Si avvicina lentamente e mi appoggia con grande delicatezza il muso rugoso sul ginocchio.

All'improvviso ho un soprassalto. L'immagine corrisponde esattamente a quello che ho pensato la prima volta mentre salivo le scale. Il cane *non* le vede!

Dico ai coniugi di rientrare.

«Vorrei vedere Malou scendere le scale nella casa qui accanto».

Il marito si gratta la testa. «Le scendeva quando aveva cinque mesi. Adesso è un pezzo che non lo fa più».

Deglutisco. Bel colpo! Evidentemente i due hanno pensato che la mia teoria fosse troppo arrischiata e, per confutarla, hanno preso il primo argomento che veniva loro in mente – e io mi sono lasciata convincere all'istante.

Imparo subito la lezione: non importa cosa dicono i padroni dei cani, bisogna sempre verificare! In effetti, negli anni a venire, questa regola mi ha risparmiato molti insuccessi.

*

Nelle ore successive mi procuro del nastro adesivo nero e lo applico sui margini dei gradini dei pianerottoli tra il pianterreno e il primo piano, in modo che siano più visibili. Poi, insieme alla padrona, scendiamo con Malou in braccio. A un certo punto le dico: «Adesso provi a risalire questo pianerottolo. Poi deve voltarsi di scatto e correre giù come un fulmine, senza preoccuparsi di quel che succede».

La donna risale le scale e poi si gira. Malou si mette a ululare, io grido: «Avanti!», e lei si mette a scendere di corsa. Il cane d'istinto la segue.

Per la prima volta Malou è riuscito a scendere un paio di gradini. Ripetiamo l'esperimento, finché Malou non riesce a fare un intero pianerottolo. Il viso terreo della padrona riprende colore, mentre il cane acquista sempre maggior sicurezza.

Quattro ore dopo ricevo un sms: «Malou ha fatto due piani, evviva!» Sei ore dopo – un altro: «Tutti i gradini uno dopo l'altro, cinque piani, è davvero orgoglioso! Noi pure!»

Ovviamente sono felice, però un tantino di amarezza resta. Potevamo risparmiarci ore e ore di esercizi inutili.

Pelle d'oca

Al telefono un uomo mi chiede di passare dalla sua tenuta appena fuori Berlino a dare un'occhiata al suo cane da pastore che ha la tendenza a mordere. Ovviamente, non è proprio che faccia salti di gioia, ma è pur sempre una sfida e in ogni caso si può imparare qualcosa. A detta del tizio, Baltus, un pastore di cinque anni, non permette più a nessuno di avvicinarsi alla tenuta.

Parcheggio nel fango (ricordo degli ultimi giorni di pioggia) davanti a una casetta molto isolata, ai margini del bosco. Che idillio, penso. Che lavoro deve fare per permettersi di vivere lontano da tutto? Suono il campanello, l'apriporta scatta. Tendo l'orecchio, aspettandomi di sentire abbaiare il cane. Niente.

E dire che si tratta di un pastore. Un pastore che non permette a nessuno di avvicinarsi. Si è appostato da qualche parte? Mi sembra strano, ma c'è sempre una prima volta.

Il silenzio è decisamente inquietante.

L'uomo mi apre la porta di casa. Si guarda intorno in modo furtivo, poi mi saluta, rivolgendomi uno sguardo impaurito. Non vuole che i suoi vicini vedano che si è rivolto a un'addestratrice di cani? Eppure qui di vicini per chilometri e chilometri non ce ne sono. Oppure stava cercando il cane, visto che tuttora è solo un fantasma? A un tratto mi vengono i brividi. Non saprei dire perché, ma ho la pelle d'oca.

Entro. L'uomo mi guarda come si osservano i bacilli al microscopio. Un tipo diffidente, mi dico per tranquillizzarmi.

«Scusi, ma dov'è il cane?» domando nel tentativo di sbloccare la situazione.

Fa un gesto indefinito in direzione del cortile. Anche da lì – silenzio.

«Ma è sempre così tranquillo?»

«Insomma, dipende dai giorni» dice con lo sguardo fisso nel vuoto.

Comincio a spaventarmi. Una volta frequentavo un corso di karate. L'allenatrice ci aveva raccontato di una donna uccisa con cinquantatré coltellate, che non aveva nemmeno tentato di reagire. Ignorava che in situazioni del genere ci si potesse difendere, altrimenti – forse – non sarebbe morta. Ci aveva parlato anche di donne a cui sembra esagerato insospettirsi, se un uomo le segue per la strada di notte. E poi ci aveva riferito nel dettaglio cosa era successo loro.

Per una strana coincidenza tutte queste cose mi tornano in mente proprio adesso. Mi slancio verso la porta che dà sul retro, la spalanco e corro in cortile.

Di cani neanche l'ombra.

«Dov'è il cane?» grido, trafiggendolo con lo sguardo.

L'uomo agita le braccia. «L'ho chiuso in garage» risponde spaventato.

Ho il cuore in gola. Non riesco a scacciare il pensiero che ci sia sotto qualcosa. Mi precipito verso il cancello d'ingresso.

Fuori. Nella mia macchina. Via.

Dopo cinquecento metri chiamo la polizia, anche se so che corro il rischio di fare una figuraccia. Ma mi fido del mio intuito e racconto cosa mi è successo. Dopo una ventina di minuti arrivano.

Suoniamo il campanello. L'uomo apre ed esce fuori.

«Ho dato via il cane due settimane fa e mi sono dimenticato di disdire l'appuntamento con lei» dichiara, indicando me.

I poliziotti annotano i suoi dati. Prima di andare via,

uno degli agenti gli dice: «Adesso effettuiamo un controllo, dopodiché la terremo d'occhio».

In effetti, dopo un po' la polizia mi fa sapere che è vero, ha dato via il cane. Tuttavia, da quella volta informo le mie collaboratrici, se vado a far visita a fattorie isolate.

Ruoli invertiti

Un pochino mi arrabbio sempre quando mi accorgo che le persone, per prendere l'iniziativa, aspettano che siano le proprie condizioni di vita a essere critiche, anche se quelle del cane lo sono da tempo. Com'è successo in passato, capita spesso che qualcuno mi telefoni per dirmi: «Sono stato a lungo gravemente malato e sentivo di avere molto bisogno del mio cane, adesso invece penso che sia lui ad avere bisogno di me. Per favore, mi spieghi che cosa posso fare».

Quando ricevetti una chiamata simile da una donna che si era lasciata alle spalle due trapianti d'organi, rimasi molto commossa. Ma la maggior parte delle volte si tratta di gente che cerca di chiudere la stalla quando i buoi sono già scappati. È un atteggiamento tipico dell'essere umano e lo conosciamo un po' tutti.

La donna che mi ha chiamato dovrà cambiare casa, se non sarò in grado di aiutare il suo cane. Dopo le ripetute lamentele dei vicini, infastiditi dal continuo abbaiare e guaire, il padrone di casa ha minacciato di sfrattarla, se non riuscirà a mettere fine al problema.

«A parte questo, è molto affettuoso» ha detto in tono di scusa al telefono, come se dovesse rabbonire anche me.

Quando suono alla porta, ad aprirmi è una bella signora della mia età (mezza), dall'aria moderna. Nel frattempo un grosso cane dal pelo bianco e ricciuto mi corre incontro scondinzolando. «Hum, hum, hum» ansima per esprimere la sua agitazione.

La signora mi fa accomodare in salotto. Mi fermo davanti a una poltrona: «Ma allora è lui?»

Riesco a rivederne ancora oggi lo sguardo irritato. In una frazione di secondo mi accorgo che la parte inferiore del suo viso si sta contraendo in una smorfia di compassione per il dolore altrui, poi sento qualcuno mordermi piano la natica.

Ma il cane è sempre lì, davanti a me.

Perplessa, mi volto. Dietro di me, sulla poltrona, un piccolo bassotto marrone digrigna i denti per prepararsi all'attacco successivo. La padrona resta immobile.

«Signora M.» esclamo in tono deciso, «gli metta subito il guinzaglio». Mi guarda sbalordita. 'Il guinzaglio? In casa? Perché?' Sulla sua fronte mi sembra di leggere questa scritta a caratteri cubitali.

Prima che arrivi il guinzaglio, mi avvicino al cane di un passo. Lui indietreggia uggiolando. Proprio come mi aspettavo. Un cane così è pericoloso solo da dietro, mai da davanti.

«Perché non mi ha detto prima che ha due cani e uno morde?» le chiedo, non appena il bassotto è al guinzaglio e io posso sedermi sulla poltrona.

«Ma lei non me l'ha domandato» risponde in perfetta buona fede.

Mi vedo già chiedere in futuro a *ogni* cliente che telefona: «Okay, mi sta dicendo che il suo cane caccerebbe qualsiasi cosa, ma non è che per caso ne ha anche un altro che morde?»

«Senta, non può lasciare che i suoi ospiti vengano morsi da questo cane. Si capisce che ha già esperienza in proposito». Malgrado la stoffa pesante dei jeans, la natica mi fa male.

La signora mi guarda di nuovo, stupita.

Allora mi rendo conto che non capisce davvero come mai me la prenda tanto per una sciocchezza del genere. Evidentemente non ha mai provato di persona quanto possa essere doloroso il morso di un cane, anche se lascia 'solo' un ematoma. Per non parlare dello spavento che si prenderebbe chiunque non avesse a che fare normalmente con i cani.

Ai suoi occhi il bassotto è un agnellino solo perché *lei* gli vuole bene. Mi accorgo sempre più spesso che la gente ha la tendenza a negare le aggressioni dei propri cani. Proprio come quelle donne che vengono picchiate in continuazione dai mariti e poi dicono: «Ma no, non è aggressivo, in realtà è l'uomo più tenero che esista». E tutto perché, se prendessero atto della situazione, sarebbero costrette a confrontarsi con una serie di problemi. Purtroppo spesso ci vogliono molti episodi del genere perché riescano a prendere una decisione. Lo stesso succede con i padroni dei cani che tendono a mordere.

Evidentemente, il bassotto è costretto a svolgere un ruolo di difensore che gli comporta un grave stress. Non a caso, controlla ogni mio movimento come il gigante Argo dai cento occhi, e per questo la padrona lo vezzeggia in continuazione.

Indico il cane: «Dal modo ossessivo in cui si comporta, è chiaro che non la lascia uscire da sola. Se non ha la possibilità di proteggerla, finisce per perdere il controllo».

«No, no. Il fatto è che ha paura a stare da solo e gli manco. È per questo che abbaia».

«E quando lo porta fuori al guinzaglio e lo lascia andare? Anche in quel caso gli manca, oppure fa solo quello che vuole?» chiedo in tono spassionato.

La signora mi guarda, punta sul vivo. «Non posso togliergli il guinzaglio, se è libero non mi obbedisce» confessa.

«Allora bisogna verificare il vostro tipo di relazione. Nel nostro lavoro è un punto di partenza fondamentale. Dobbiamo scoprire su quali aspetti concentrarci, affinché il cane possa imparare a stare da solo».

Con l'aiuto del cane più grande – si chiama Oskar – mostro alla signora come allontanarsi, ordinando al cane di restare al suo posto. Una spinta leggera nel punto giusto e uno 'shhh!' in tono amichevole sono sufficienti per convincere Oskar a restar fermo in un angolo del salotto. Da lì mi fissa con aria eccitata, evidentemente si aspetta che gli impartisca altri compiti. In realtà, gli ho chiesto soltanto di restare dov'è, se ne accorgerà da lì a breve. Infatti, non appena fa per allontanarsi, lo blocco con un segnale di avvertimento. Allora comincia a 'restare fermo' con uno zelo davvero sorprendente, sdraiandosi e accavallando elegantemente le zampe anteriori. Nel contempo tiene alta la testa per dimostrare quant'è attento e, con lo sguardo sfavillante, sembra chiedermi: «Se adesso ti faccio vedere come sono bravo a stare fermo, ti renderai conto che nessuno è più in gamba di me?»

Certo che me ne rendo conto, ma purtroppo mi accorgo anche che Oskar è ben poco motivato a tirar fuori le proprie capacità. «Bravo giovanotto!» mormoro in tono di apprezzamento. Oskar alza la testa ancora di più.

*

Dico alla signora di ripetere lo stesso esercizio e lei con un gesto fiacco e poco convinto si rivolge al bassotto. Il cane le salta intorno abbaiando, non sopporta di ricevere indicazioni. Infatti è convinto di essere lui la 'persona competente'. La padrona rinuncia subito a comunicare con lui attraverso la gestualità: «Su, povero piccolo, fai un po' la cuccia, solo un pochino».

«Perché lo compatisce?» domando sbalordita.

«Be', sa, viene dalla Polonia, quand'era cucciolo è rimasto malato a lungo e ha sempre tanta paura...»

«Eppure lei la notte non si sveglia con gli occhi sbarrati perché ripensa a quando ha avuto il morbillo da piccola. Credo che nemmeno il suo cane lo faccia. E non mi sembra nemmeno così impaurito. Se la prende tanto solo perché lei sta pretendendo qualcosa da lui».

«Ma allora era cooosì piccolo». E mi mostra il palmo della mano.

«Be', adesso è un cane normalissimo» constato, interrompendo le sue reminiscenze.

Lei fa una smorfia contrariata. Capisco che rimpiange quel minuscolo cucciolo malato.

«Signora M., il cane ha bisogno di sentirsi appoggiato. Non capisce che lei lo compatisce e si preoccupa per lui. Se si comporta così, percepisce soltanto l'energia debole che emana e comincia a nutrire apprensione. Finora le è sfuggito che è LUI che vuole proteggere lei».

Non appena sente la parola chiave, 'proteggere', il cane si slancia di nuovo su di me nel tentativo di attaccarmi. Non faccio quasi in tempo a sollevare il piede e a farmi scudo con la suola della scarpa che Oskar si interpone tra me e il bassotto, proteggendomi con il suo corpo. È molto più forte e potrebbe far valere facilmente la propria superiorità nei confronti del cane più piccolo. Invece si limita a tener testa coraggiosamente ai morsi del dackelmix, rimediando senz'altro un paio di ematomi.

Proprio in questo momento mi rendo conto di un'altra circostanza tragica. Con Oskar mi ritrovo a che fare con un caso assai raro di capobranco che si comporta in maniera molto decisa ed efficace, ma preferisce lasciare che gli altri lo attacchino, piuttosto che arrecare danni per primo. Anche il capobranco Wanja in Russia si comportava allo stesso modo. Capitava spesso che fosse lui a fare le spese delle animosità che si erano scatenate all'interno del branco. Mentre, per quanto ne so, non si è mai verificato che abbia ferito in modo grave un altro cane.

Immaginatevi che un bambino di tre anni vi picchi. Ovviamente, non vi metterete a picchiarlo anche voi (se sì, allora forse è meglio che vi facciate vedere da un medico). Lo stesso succede ad alcuni capobranco. Quando cani più insicuri cercano di risolvere la situazione aggredendoli, evitano di reagire a loro volta.

Il bassotto continua a ringhiare e a digrignare i denti, nel tentativo di scavalcare Oskar, finché non è costretto a capitolare di fronte al suo carisma pacato. L'aspetto tragico della scena consiste tuttavia nel fatto che la padrona, dopo aver lasciato tranquillamente che il bassotto mordesse Oskar, insorge all'improvviso quando quest'ultimo si azzarda a ringhiare per la prima volta: «Oskar, guarda che le prendi».

Se ci trovassimo di fronte a due fratelli, la situazione sarebbe la seguente: il piccolo Manfred picchia la paletta in testa al fratello maggiore Oskar. Oskar sopporta senza batter ciglio i colpi e cerca di far pace, mantenendo la calma. Quando però il fratellino inizia a picchiare più forte, grida: «Ehi!» per farlo smettere. Allora arriva la mamma ed esclama: «Oskar, guarda che le prendi».

Grandioso, no?

Anche il cane Oskar guarda disperato prima la padrona e poi me. Non ci capisce più niente. È l'unica creatura competente qui dentro, eppure deve sopportare tutti questi incapaci. E, come se non bastasse, è costretto ad avere a che fare ogni giorno con la sua padrona – incompetente per eccellenza – e a darle ascolto.

Se lei accettasse una buona volta le gerarchie che si sono venute a creare nel branco e la smettesse di coccolare a sproposito il suo beniamino, potrebbe contare su Oskar al cento per cento. Basterebbe soltanto schierarsi una volta tanto dalla sua parte; così facendo, anche quel fifone del bassotto – costretto ad accollarsi un ruolo che non è in grado di sostenere – acquisterebbe sicuramente maggiore sicurezza.

Cerco di spiegarle tutte queste cose e le faccio capire che deve mutare radicalmente il suo modo di fare, se vuole riportare la pace all'interno del branco.

«Non riesce a stare da solo. Ecco qual è il punto» ripete, come se avessi parlato al vento.

«È giusto, adesso che mi ci fa pensare» rispondo. «Se fossi costretta a difendere qualcosa tutto il tempo come questo cane, anch'io impazzirei se l'oggetto delle mie attenzioni mi sbattesse la porta di casa sul muso, se ne andasse chissà dove, togliendomi la possibilità di proteggerlo».

«Ma io non ho mai detto al cane che mi deve difendere» sbotta la signora, ormai innervosita.

«E invece sì. È proprio quello che gli suggerisce con il suo atteggiamento. Se gli lascia fare qualsiasi cosa, sta dicendo che il suo comportamento le pare semplicemente perfetto. Se invece qualcuno comincia a imporgli un limite, come ha fatto Oskar, lei lo rimprovera. In questo modo, l'unica cosa che ottiene è appoggiare il piccolo nei suoi disperati tentativi di mettere ordine in qualcosa che non è neanche in grado di circoscrivere».

La signora è toccata sul vivo. «Non è un problema mio. Il fatto è che non è capace di stare da solo» ripete ostinata.

E qui inizia il mio errore.

Insisto a chiarire il qui pro quo in modo amichevole. Lei reagisce con gentilezza e dice che preferisce andare avanti con gli esercizi per la conduzione del bassotto che abbiamo già intrapreso. Intanto rifletterà su quanto le ho detto e cercherà di cambiare atteggiamento nei confronti di Oskar. Ho la sensazione che l'abbia detto giusto per liberarsi di me, tuttavia *voglio* crederle.

Due settimane dopo, il giorno del nostro secondo appuntamento, alla mattina mi telefona.

«Ho dato via Oskar, era troppo dura con due cani. Oggi faccio un po' più tardi al lavoro, non riesco a venire all'appuntamento».

Capisco immediatamente che non ce la farà neanche in futuro. E che ha bisogno che il suo rapporto con il bassotto non cambi mai.

Mi dispiace molto per il piccolo bassotto che ormai non avrà più argomenti a sua discolpa. Forse avrei trovato un'altra via d'uscita, se mi fossi dimostrata più sicura. O forse no. Resta comunque una sensazione sgradevole.

*

Malgrado ciò non posso fare a meno di essere contenta per Oskar. D'ora in poi avrà la possibilità di essere apprezzato dai suoi nuovi padroni per la creatura fantastica che è.

L'aggressione

La mia collaboratrice Freerke mi riferisce preoccupata il contenuto di una e-mail arrivata all'indirizzo del Dog-Institut:

«È successa una cosa terribile. Un uomo ha subito un'aggressione nel suo appartamento e il suo cane ha visto tutto. Adesso non è soltanto lui a scontare le conseguenze del trauma, ma anche il cane. Te la senti di aiutarli?»

Telefono immediatamente e vengo a sapere una serie di cose. L'uomo che abita sul Ku'damm è semiparalizzato dalla nascita e cammina con il bastone. Dopo essere andato al bancomat a ritirare un'ingente somma di denaro insieme al suo compagno e al cane, è rientrato in casa, quand'ecco squillare il campanello. Il convivente apre la porta. Due sconosciuti armati fanno irruzione nell'appartamento. Dopo aver immobilizzato i padroni di casa, li legano e li derubano. Per tutto il tempo il cane abbaia istericamente, tuttavia non osa aggredire i rapinatori. Forse è stata proprio la paura a salvargli la vita: se li avesse assaliti, forse avrebbero rivolto contro di lui le armi.

«Abbiamo portato Lulu dal veterinario perché da allora soffre di attacchi di panico, specie quando arrivano ospiti, oppure se sente dei rumori sulle scale o in corridoio. La dottoressa ha diagnosticato un trauma e ci ha consigliato di consultarci con lei per sottoporre Lulu a una terapia comportamentale» racconta l'uomo in tono sorprendentemente calmo e rilassato.

«E voi due? Vi siete rivolti a uno psicoterapeuta?» gli chiedo.

«Sì, il pronto soccorso ci ha messo a disposizione uno psicologo e, grazie al suo aiuto, abbiamo rielaborato l'incidente, più o meno. Ovviamente non siamo ancora tranquilli quando bussano alla porta, oppure quando giriamo per strada al buio, ma facciamo progressi. Quel che conta adesso è aiutare Lulu perché, invece di migliorare, sta sempre peggio».

«Purtroppo la caratteristica principale di queste paure è proprio la tendenza a peggiorare, finché non ci si sforza di venirne fuori. È molto importante quello che state cercando di fare per Lulu».

Fissiamo un appuntamento.

L'uomo che mi apre la porta ha l'aria dolce e il viso radioso di un'anima bella del passato. Me lo immagino nei panni di un poeta di corte. Fine, riservato, vestito con eleganza. L'appartamento è arredato con gusto, non c'è traccia di televisori, in compenso molti libri.

Resto stupefatta dall'agilità con cui si muove, nonostante la semiparalisi che, peraltro, si nota pochissimo. Occorre davvero un occhio di falco per notare il braccio rigido e piegato e la mano ricurva. Tale è la sua eleganza che anche quella posa assume un che di sofisticato.

Il convivente invece è l'esatto contrario. Chi ha visto *Zorba il greco* sa che cosa intendo. Ma nel caso in cui vi siate lasciati sfuggire questo splendido film, provate a immaginarvi una specie di buon selvaggio forte e sensuale, con gli occhi fulgidi e movimenti diretti e noncuranti. Parla un eccellente tedesco con quell'accento slavo a me tanto caro.

Le presentazioni vengono interrotte dai latrati assordanti di un cane, evidentemente di grossa taglia. Un incrocio tra un rottweiler e un pastore che si precipita verso di me, mi salta addosso e poi scappa via, impaurito. Ostacolandomi più volte nei movimenti, tenta disperatamente di bloccare l'accesso alla casa, assumendo pose minacciose nel tentativo di spaventarmi. Anche se scopre i denti e mi tocca più volte col muso, non mi sfiora mai con le zanne. Evidentemente, la sua natura profondamente docile gli impedisce di mordere, malgrado il panico. Il fatto che riesca a mantenersi fedele al suo carattere, nonostante il trauma vissuto, dimostra un'ennesima volta di quali cose straordinarie siano capaci i cani.

Per sovrastare i latrati della cagna siamo costretti a parlare a voce alta. Tuttavia, quando si accorge che la ignoro, sembra tranquillizzarsi un po'. Ne approfitto per sedermi sul divano. Nel frattempo tiro fuori dalla borsa con noncuranza un contenitore per alimenti pieno di arrosto di tacchino appena cucinato, che attira immediatamente la sua attenzione. Non a caso, io e le mie collaboratrici lo abbiamo ribattezzato 'il paradiso in terra'. Getto il cibo sul pavimento, lontano da me, senza degnare di uno sguardo Lulu. Lei si precipita sulla preda, pur tenendomi sempre d'occhio. Ottimo segno: talvolta infatti può capitare che i cani siano troppo spaventati per accettare il cibo e in tal caso anche questo stratagemma per cercare di avvicinarsi a loro diventa inutile.

Se la guardo, Lulu si mette ad abbaiare istericamente. Ma se distolgo lo sguardo, accetta perfino il cibo dalle mie mani. Qualche minuto dopo decido dunque di cominciare con il primo esercizio. Voglio rendermi conto di quanto ci mette a recuperare la fiducia negli altri, se la si tratta con pazienza e fermezza.

Innanzitutto, è importante dimostrarle che so cosa faccio e cosa voglio. Una volta alla televisione ho visto un addestratore che, in un caso analogo, se ne stava accovacciato e ripeteva, volgendo le spalle al cane e tenendo un dolcetto dietro la schiena: «Non ti faccio niente. Vieni!» Al che il cane per poco non collassava dal terrore.

Immaginatevi di avere paura degli uomini di bassa statura e con i capelli arruffati. Squilla il campanello. Vostra moglie o vostro marito va ad aprire e fa entrare in salotto un omino con i capelli arruffati che si accovaccia sul tappeto e, dandovi le spalle, dice: «Non ti faccio niente. Vieni!» Forse vi sentirete più tranquilli constatando che l'uomo non vi ha aggredito, eppure c'è sempre un che di inquietante in questa strana figura che non tradisce *minimamente* le sue intenzioni e potrebbe saltarvi addosso da un momento all'altro. Infatti non potete vedere l'espressione del suo volto.

Per conquistarsi la fiducia di qualcuno bisogna mostrarsi sempre apertamente, questa è la mia esperienza. E non soltanto con i cani.

Dopo aver spiegato a Lulu in tono calmo ma deciso che deve restare ferma al suo posto e che se non obbedisce se la dovrà vedere con me, voglio dimostrarle che prendo sul serio quello che faccio. Lo scopo è convincerla che può fidarsi di me anche in quelle situazioni in cui scorge un pericolo.

Mi osserva con attenzione e poi mette due zampe avanti.

Mormoro qualcosa in segno di avvertimento e, vedendola avanzare, mi dirigo risolutamente verso di lei. Tuttavia mantengo assolutamente la calma. «Non solo prendo le cose sul serio, ma non perdo neanche le staffe» questo è il messaggio che voglio farle arrivare. Se mi lasciassi andare fin d'ora a una reazione scomposta, non vorrebbe più affidarsi a me in caso di pericolo. Il carisma si dimostra ogni giorno nelle piccole cose.

E, in effetti, dopo un po' comincia a restare dov'è senza che le dica niente. Mi basta inclinarmi leggermente in avanti. Inizia a fidarsi di me.

Adesso devo insegnare questo tipo di conduzione muta all'uomo. Innanzitutto gli chiedo di portare Lulu nella stanza accanto. La mia paura è che possa cadere di nuovo in preda al panico, vedendomi 'assalire' il suo padrone.

Come tanti altri, anche lui all'inizio fa fatica ad adottare questa forma di comunicazione canina e a mettere da parte quella verbale. I cani recepiscono l'energia di chi si ritrovano davanti e reagiscono di conseguenza. Senza parlare, ovviamente.

Ma l'uomo impara alla svelta e, se ha delle incertezze, è soltanto perché, a sua volta, non è abbastanza sicuro di sé a causa del suo handicap. Non riesce a rilassarsi e non vorrei che per questo motivo Lulu si rifiutasse di affidarsi a lui. Lei infatti non può sapere la ragione della sua incertezza.

Peccato che sia questo il punto. Se un cane non si sente sicuro del *proprio* padrone, è costretto ad assumersi lui la responsabilità di mettere in fuga eventuali aggressori. Il mio obiettivo è quello di convincere Lulu a dare retta ai suoi padroni e a dedurre dal loro comportamento se un ospite è potenzialmente pericoloso o no. Dopodiché occorrerà spiegarle come comportarsi in situazioni simili (se deve rimanere al suo posto, ad esempio).

Quando la facciamo rientrare, resto sorpresa nel vedere con quanto affetto mi viene incontro. Un atteggiamento amichevole che mi infonde grande ottimismo.

L'uomo propone al compagno di provare lui. Intanto cercherà di riordinare le idee. Essendo abituato al lavoro intellettuale, non può 'riprogrammarsi' sui sentimenti di punto in bianco.

Zorba il Greco ripete l'esercizio. Mi tengo pronta per correggerlo, ma non ce n'è bisogno. Ha già capito tutto mentre ci guardava.

Comunica con il cane in un modo talmente rilassato e, al tempo stesso, sicuro di sé che mi viene da esclamare «bravo!», ma poi mi trattengo, nel timore di spaventare Lulu. Si allontana con grande disinvoltura, salvo poi intervenire subito se lei accenna a muoversi. Allora si rimette subito seduta al suo posto e lo guarda con rispetto. Io pure.

Abbiamo capito tutti che di questo uomo forte e tranquillo ci si può fidare.

In quell'istante suona il campanello. Dev'essere il tizio che avevamo chiamato per esercitarci. All'inizio era stato coinvolto un amico che però alla fine non è potuto venire. E così è saltato fuori un certo Helmut che abita nella stessa via e si è dichiarato «dispostissimo ad alzarsi dalla poltrona».

Lulu porta una cordicella di quelle che si usano per appendere le chiavi attaccata al collare. Non appena si slancia in avanti, il compagno dell'uomo – come avevamo concordato – la riporta al suo posto tirandola per la cordicella (in situazioni simili non prendete mai i vostri cani per il collare, perché equivale a premere il pulsante 'Attacca').

Zorba il greco si piazza in modo dimostrativo davanti a Lulu che abbaia. «Sssst» le dice, per farle capire che non deve immischiarsi in quel che succede. Intanto il suo compagno apre la porta.

Un colosso sbraitante entra in casa. Così si presentano di solito i marinai, o i cowboy di una certa età, anche se gli uni e gli altri potrebbero anche darsi una calmata.

Mentre ci salutiamo, gli occhi di Helmut hanno uno scintillio inequivocabilmente eterosessuale. «Ah, è lei... 'giorno, piacere mio» mormora stritolandomi la mano e facendo scivolare lo sguardo sul mio décolleté.

«Grazie di essere venuto a darci una mano» rispondo. Dopodiché lo prego di accomodarsi senza guardare il cane.

«Vicino a lei volentieri» ribatte in tono più sicuro, piombando accanto a me sul divano. Sarà sul metro e novanta e, malgrado i suoi sessant'anni, ha l'aria di essere ancora forte come un orso. Un osso duro per Lulu.

Lei però smette quasi subito di abbaiare e, vedendo che Zorba il greco è sempre lì a difenderla, si ritira nella sua cesta, reclinando il capo. I due restano di stucco. Poi il convivente si allontana dalla cesta e prende posto su una sedia. Nessuno fiata. Il silenzio viene rotto da Helmut:

«Be', e allora? Guardate che è normale se un cane abbaia, non bisogna mica farne una tragedia. Anch'io avevo due pastori, alla fine obbedivano. Non c'è niente da fare».

L'uomo gli spiega quale sarebbe stata normalmente la reazione di Lulu, aggiungendo che, quando son arrivata tre quarti d'ora prima, si è comportata proprio così.

«Hmmm» borbotta incredulo.

«E adesso ha imparato?» mi chiede.

Annuisco.

«Però lei è proprio una bella ragazza» dice a me, che ho quasi cinquant'anni.

«Mi difendo» replico.

Propongo a Helmut di suonare un'altra volta alla porta. Appena sente squillare il campanello, Lulu si mette ad abbaiare, ma smette subito, non appena il convivente mormora sottovoce «shhh» e si piazza davanti a lei.

Helmut passa davanti a Lulu come un carro armato e si lascia cadere accanto a me sul divano, facendomi sobbalzare. «Ormai è quasi noioso» è il suo commento al successo del nostro esperimento.

«Con l'esercizio *touch* possiamo avvicinarci ulteriormente alla situazione della visita». Spiego a che cosa serve questo riflesso condizionato e perché in questo modo il cane può imparare a padroneggiare una situazione in cui altrimenti finirebbe per perdere il controllo.

Tengo la mano davanti a Lulu e aspetto, finché non me la tocca col muso. Allora con l'altra mano le do un dolcetto. Lei capisce subito il trucco e non ci vuole molto a insegnarle a toccarmi la mano con il naso se, a un certo punto, camminando per la stanza mi fermo e dico *touch*. Non importa se vado verso di lei, oppure se mi sto allontanando. Lulu ormai non ha più paura, perché è totalmente concentrata sull'apprendimento dell'esercizio e sui propri risultati. Torno al divano e mostro ai due padroni di casa come tenere la propria mano sopra quella dell'ospite, per 'giocare' a *touch*.

Helmut invia col dorso della mano una serie di segnali Morse al palmo della mia, esprimendo così la sua soddisfazione per questo fortuito contatto. Lulu continua a toccare la mia mano, ma si mette a ringhiare, non appena scopro la mano di Helmut perché lei la sfiori.

«Le avevo detto di non guardarla» brontolo.

«Guarda che puoi darmi del tu» ribatte.

Decido di concludere lì la lezione, tanto non facciamo passi avanti. Mentre ricapitolo che cos'abbiamo imparato in quest'ora, Lulu si mette a fare la spola tra me e i tre uomini, dandoci delle pacche col muso sulle mani per continuare l'esercizio. Visto che nessuno reagisce, si accuccia ai miei piedi, fissandomi a occhi sgranati come nel tentativo di ipnotizzarmi. «Hai ancora qualche sorpresa in serbo?» sembra domandare.

Fissiamo un altro appuntamento per proseguire la terapia e un'ora aggiuntiva con l'uomo affetto da paralisi. Ha assoluto bisogno di un po' di sostegno.

A un tratto, quando capisce che sto uscendo, Helmut ha una gran fretta di andarsene. In strada però diventa di colpo timidissimo. Non me lo sarei aspettata. Mi trotterella accanto, sbirciandomi furtivamente, in attesa di una reazione. Ma io ho bisogno di prendermi una serata libera da tutto, anche da Helmut.

Mentre torno a casa ripenso a Lulu. È davvero fortunata ad avere accanto una persona così autorevole e sicura di sé come quella versione slava di Zorba il greco. Grazie al suo aiuto oggi è riuscita a superare rapidamente le sue paure.

I cani riescono a fare molto alla svelta cose che noi impareremmo soltanto nel giro di anni. Cambiare atteggiamento di punto in bianco solo perché la situazione è diversa non è certo il nostro forte. Ed è proprio l'intelletto di cui andiamo tanto fieri a precluderci questa possibilità. Non riusciamo a credere che un nostro vicino sia cambiato radicalmente in una notte, se è sempre stato scortese con noi e tutt'a un tratto oggi è gentile. Ci insospettiamo subito: «Cosa avrà in mente? Che vuole da noi?»

Un cane invece sarebbe contento e basta, se uno che è sempre stato cattivo con lui di colpo diventa buono.

Anche noi dovremmo imparare dai cani a fare lo stesso. Grazie mille, Lulu.

Il nuovo capo

La casetta in cui abitano i due è nascosta in mezzo ad alberi secolari. Sembra molto accogliente, mi ci rifugerei volentieri, se necessario. Una signora anziana mi apre amabilmente la porta. Ma l'idillio va in frantumi non appena un cocker spaniel schizza davanti a lei, latrando contro l'intrusa.

Rotea le pupille, saltando avanti e indietro (meno male, anche indietro, questo è un buon segno), abbaia e ansima infuriato. Capisco ora per la prima volta cosa si intende con l'espressione 'rabbioso come un cocker', anche se mi è già capitato di imbattermi in un paio di cani di questa razza che mordevano come indemoniati.

Questo cane però sembra aver preso particolarmente alla lettera quel modo di dire e io, come faccio sempre in casi simili, tengo pronta la suola della scarpa, per difendermi da un eventuale attacco.

Decido di affidarmi al mio istinto e, entrando in casa, passo davanti al cane senza guardarlo. Tanto, anche se lo tenessi d'occhio, non capirei comunque se mi vuol mordere o meno. Conosco cani che mordono senza preavviso e altri che abbaiano istericamente per metterti in guardia, ma poi non mordono mai. La vista mi distoglie dalle sensazioni che contano. E finora l'intuito non mi ha mai tradito.

Di recente, durante una visita a domicilio, mi sono ritrovata davanti un ridgeback gigantesco che, in quell'esatto secondo, stava chiedendosi proprio se mordermi o no. Ma la cosa folle era che sentivo che lui sentiva che lo sapevo. Mi è bastato fare un passo avanti con aria decisa e la tensione si è subito allentata. Ci eravamo capiti.

Il cocker spaniel Heinrich si mette a saltare abbaiando intorno alla sedia che la signora F. mi ha offerto. Lei in compenso parla a voce molto bassa e sembra voler occupare poco spazio, non solo fisicamente.

Dopo un po' il cane resta disorientato vedendo che non gli presto attenzione. Batte in ritirata sotto la sedia della padrona e brontola irritato.

Intanto la signora F. mi spiega che Heinrich ha la tendenza a mordere quando si tratta di ottenere qualcosa: cibo, attenzioni, un posto particolare. E poi terrorizza gli ospiti.

«Si mette davanti alle mie amiche e abbaia finché non vanno a prendergli un dolcetto. Ma poi, se non si sbrigano a darglielo, le morde. Quando si siedono sul divano, sbuca alle loro spalle e le fa cadere».

Povere amiche!, penso tra me.

«Mio marito è morto due mesi fa» aggunge di colpo, in tono sorprendentemente impersonale. Turbata, le faccio le condoglianze. Allora mi racconta che era stato a lungo malato e che aveva trascorso gli ultimi anni a casa, bloccato a letto. Mi rendo conto che la morte può essere anche una liberazione, quando mette fine a situazioni divenute insostenibili. Per provare dolore ci vuole forza. E la sua sembra essersi volatilizzata negli ultimi tempi, come una candela ridotta al lumicino.

«Mio marito non amava il cane. Era geloso del fatto che mi dedicassi anche a lui».

Resto sbalordita. «Ma quando si dà tanto a una persona, bisogna pur trovare qualcuno che ci dia la forza. Per lei è stato sicuramente un bene avere a casa anche Heinrich, oltre che suo marito a letto» dico, quando finalmente ritrovo la parola.

Lei mi guarda stupita, poi annuisce con circospezione.

Osservo Heinrich con la coda dell'occhio e intanto tiro fuori la mia scatoletta paradisiaca con l'arrosto. E se pensasse che neanch'io sono abbastanza veloce?!

Non faccio in tempo ad aprire il coperchio che Heinrich, sotto la sedia, ha già annusato il profumo del tacchino. Mi salta addosso con le pupille dilatate, ma io lo respingo.

Non pensava che ne sarei stata capace. Mi lancia un'occhiata perplessa e poi si mette a riflettere. Colgo l'occasione per deporre la scatola sul pavimento. Aspetto.

Fa un passo in avanti con cautela, ma arretra immediatamente non appena borbotto qualcosa in segno di avvertimento, guardandolo con aria severa.

Allora si accuccia.

Prendo un pezzetto di tacchino e mi allontano dalla scatola, senza considerarlo. Poi mi giro, mi accovaccio e lo chiamo. Con una serie di movimenti bruschi, avanti e indietro, mi domanda se può venire sul serio. Lo incoraggio affettuosamente (ma non ad alta voce!) e allora comincia a trotterellare verso di me, facendo un ampio giro intorno alla scatola.

Come faccio a dire alla signora che il suo cane è un

bluff? Deve aver scoperto per caso com'è facile ottenere qualcosa se inizia a mordere. Ma di carattere è molto insicuro e sottomesso. Ha urgente bisogno di un padrone autorevole che lo rassicuri e lo faccia sentire a suo agio, per smetterla una buona volta con quei ghiribizzi che gli saltano in testa quand'è di malumore, e che sono iniziati non si sa bene quando.

Heinrich mi lecca il mento e intanto scodinzola timidamente. Sbalordita, la signora F. liscia con piccoli tocchi irrequieti la tovaglia (peraltro priva di pieghe) e balbetta:

«Ma come ha fatto?»

«Mi sono comportata con fermezza e gli ho imposto dei limiti. Se lei fosse sicura anche solo la metà, con Heinrich basterebbe comunque» rispondo.

L'anziana signora ha un'aria molto più incerta che sollevata. Inizio a dubitare che sia pronta per un simile passo. Una volta le donne, soprattutto quelle della sua generazione, dovevano fare il proprio dovere, placare gli animi, irradiare ottimismo e preoccuparsi della felicità degli altri. Non hanno mai imparato a chiedere qualcosa per se stesse, prendere decisioni o esternare i propri desideri.

Poi però mi viene subito in mente un'altra idea. Quando, se non ora, la vita offrirà alla signora F. un'altra possibilità per cambiare? Perché la svolta causata dalla morte del marito non potrebbe significare per lei un nuovo inizio?

Le mostro due 'vocaboli' della lingua canina, 'ammonire' e 'agire', dopodiché le chiedo di eseguire da sola l'esercizio con l'arrosto. Allora si mette a fissare impaurita il cane, come paralizzata.

«Non abbia paura. Non la morderà, glielo prometto» la rassicuro in tono convinto.

Mette la scatola sul pavimento davanti a sé e, quando Heinrich comincia ad avvicinarsi, fa con la mano un gesto timoroso e circospetto nella sua direzione. Ma per farlo desistere è più che sufficiente. Difficile stabilire chi sia più sbalordito: Heinrich, perché non è riuscito a eludere la sorveglianza della padrona, oppure la signora F., perché Heinrich non si è buttato sulla scatola. Facciamo ancora qualche esercizio e, alla fine della lezione, Heinrich si sdraia soddisfatto su un divanetto per cani. A detta della padrona, finora lo aveva ignorato sdegnosamente, preferendogli quello su cui siedono gli umani.

Consiglio alla signora F. di informarsi se c'è qualche corso sportivo indirizzato a persone della sua età che le piacerebbe frequentare, per sviluppare la sua prestanza fisica. Dopodiché le do appuntamento alla prossima volta.

«Per una settimana lo spirito di Maja è rimasto tra queste mura». Quando ci rivediamo mi accoglie con queste parole. «Poi però è tornato tutto come prima».

«Non credo che si trattasse del mio spirito, ma piuttosto del suo. Probabilmente per una settimana si è comportata in modo diverso e poi è ricascata nelle vecchie abitudini!» esclamo ridendo.

«Forse ha ragione» osserva perplessa. «In ogni caso non posso più sedermi sulla panca della cucina. Non me lo permette».

Heinrich mi saluta con aria amichevole e rispettosa. Struscia il corpo piegato a C contro la mia gamba, scodinzolando teneramente. Anche la volta precedente avevo notato che Heinrich evita in tutti i modi di incrociare lo sguardo delle persone. Per questo un brivido mi corre lungo la schiena quando mi accorgo che mi sta guardando. Forse l'ha fatto per errore. Rimango ferma davanti a lui, senza muovere un dito. Heinrich fissa per un po' la mia gamba, poi alza improvvisamente lo sguardo. I suoi occhi esprimono turbamento, tristezza e sfiducia. Resto profondamente colpita e cerco di rivolgermi a lui nel modo più amichevole e tranquillo possibile. Ho la sensazione che finora sia stato costretto a interagire soprattutto con il mondo degli esseri umani e nel *suo* universo abbia finito per ritrovarsi da solo.

«Non posso più sedermi sulla panca in cucina» ripete l'anziana signora. «Sennò mi morde».

Andiamo in cucina. Mi mostra la panca. «Vede, mio marito si sedeva sempre qui, perché è da questo punto che c'è la vista migliore. E adesso che vorrei godermi anch'io il panorama, Heinrich si siede e mi morde se provo a scacciarlo».

Il capo è cambiato e quello di prima era molto più abile, penso tra me.

Nel frattempo anche Heinrich è balzato sulla panca e fissa la signora F. con aria di sfida. Allora mi siedo accanto a lui e con un semplice movimento del fianco lo spingo giù dalla panca. Mentre eseguo l'operazione, sbadiglio dimostrativamente per sottolineare che si tratta di una cosa ovvia. Come se in vita mia non facessi altro che spazzare cani giù dalle panche. Ovviamente esagero un po', perché la signora ci metta almeno un decimo della mia energia, quando cercherà di fare lo stesso, visto che per spuntarla con Heinrich non ci vuole davvero molto.

Adesso si è accucciato ai miei piedi, con la testa appoggiata pacificamente a terra. Ma appena la signora F. si siede sulla panca, Heinrich salta su e si arrampica da dietro sulla schiena della padrona, nel tentativo di scacciarla.

«Forza, lo spinga subito giù con l'anca!» la incoraggio.

La donna sfiora timorosamente con il fianco il cane che, dal suo punto di vista, ha tutte le ragioni per essere indignato: non è forse lui il capo? Finché la padrona non si dimostra più autorevole, spetta a lui infatti decidere chi si deve sedere dove.

«Più energia!» esclamo, vedendo che Heinrich sta già digrignando i denti per morderla. «Ehi tu!» lo ammonisco in tono severo. Smette subito e ha un attimo di incertezza. «Coraggio, ci riprovi!»

Allora la signora F. allontana il cane con il fianco. Heinrich perde l'equilibrio e cade dalla panca. Scornato, esce dalla cucina e va a sdraiarsi sul divano per cani che prima non poteva sopportare.

«Solo perché lei è qui» mormora la donna incredula.

«È vero, se non fosse stato per me, l'avrebbe morsa sicuramente. Ma il fatto è che esita troppo. Se si dimostrasse più sicura, Heinrich potrebbe anche credere che sa come comportarsi con lui».

Mi siedo accanto alla signora F. sulla panca. «Bisogna che stabilisca delle regole valide per tutti. Così Heinrich potrà concedersi il lusso di non dover più decidere da solo che fare e si adatterà al suo schema. Lui ha il diritto di venerarla e trascorrere una tranquilla esistenza di cane protetto dal suo padrone. Forza, stavolta butti giù me dalla panca!» La signora F. mi guarda costernata.

«Coraggio, non abbia paura, altrimenti lo faccio io» la incoraggio.

Esita per un istante, poi prende lo slancio con l'anca magra e ossuta e mi assesta una bella botta di lato. Peng! Mai stata così contenta di rotolare giù da una panca.

Mentre ci salutiamo, mi guarda con aria seria e spiega: «Non per niente ho cominciato a fare sport».

La storia della signora F. non mi esce dalla testa finché non arrivo a casa. Durante la visita odierna mi ha raccontato delle cure prestate al marito, delle scenate che lui le faceva, dei suoi rimproveri e della sua ingratitudine. Ma non era tanto il suo comportamento a farla star male, quanto la propria impotenza. Mi torna in mente una storia di quando abitavo nel villaggio russo di Lipovka – la nuova patria che mi ero scelta dopo la caduta del Muro.

La mia vicina, *baba* Maša (*baba* in russo è il nome usato per indicare le contadine sposate), sorride sempre, accogliente come una casa silenziosa e ben tenuta. Mi porta spesso i *pirožki*, le focaccette russe, o altre prelibatezze. Cucina in maniera divina, ma l'ingrediente più importante per me è senz'altro la sua bontà.

Suo marito è un vecchio ubriacone, non fa altro che starsene stravaccato sul divano, mentre Maša si ammazza di lavoro nei campi. Quando torna la sera, la insulta urlando così forte che lo sento persino da casa mia. Mai che lei si azzardi a replicare.

«Forza, prepara da mangiare, nullità!» le grida quand'è sbronzo. La gente del villaggio mi spiega che le dice così perché Maša non ha potuto avere figli. Anche se, dopo che è rimasto vedovo, ha allevato lei i sette bambini del matrimonio precedente. Per questo motivo la tormenta in continuazione, rimproverandola di essere 'inutile', al contrario delle 'vere' donne russe.

Si avvicina la raccolta delle patate. Da quando hanno chiuso il *kolchoz*, trattori, escavatrici e altre macchine agricole sono rimaste ad arrugginire inutilizzate in una radura nel bosco. Perciò tocca raccogliere le patate in ginocchio, una fila dopo l'altra, su un terreno grande quanto un campo da calcio, scavando con le mani nella terra asciutta e compatta. Poi bisogna buttarle in una grossa cesta di vimini e portarsele in spalla fino a casa (che non è lì accanto) per scaricarle in cantina. Insomma, un lavoro pesantissimo.

Maša deve aver fatto appello a tutto il suo coraggio per osservare in mia presenza che non sa davvero se riuscirà a raccogliere tutte le patate da sola. Suo marito le ha già comunicato di non essere intenzionato a lasciare il suo divano.

Allora mi offro di aiutarla.

Il primo giorno di raccolto, *baba* Maša arriva al campo con una gonna nera lunga fino ai piedi. Per inginocchiarsi a terra, deve tirarla indietro ogni volta, perché non le sia di impaccio. Noto che guarda con una certa invidia i miei pantaloni.

A mano a mano che scaviamo al ritmo della musica zigana del mio mangiacassette, l'atmosfera si fa sempre più rilassata, nonostante i grossi tafani che ci mordono sulla schiena e i minuscoli moscerini attaccati agli angoli della bocca e degli occhi. Mentre raccogliamo le patate, cominciamo a chiacchierare.

Poi torniamo a casa sotto il sole implacabile di mezzogiorno, a mangiare qualcosa. Non facciamo neanche in tempo a entrare che il marito di Maša tira su la testa dal divano e grida esasperato: «Forza, donne! Ho fame!» Maša si lava le mani e, preso un piatto, lo riempie di minestra. Lui la trangugia di malumore, sorbendola rumorosamente in segno di disprezzo. Tuttavia, ho l'impressione che Maša lo disprezzi ancor di più, chiusa in un silenzio dignitoso che a lui sfugge del tutto.

Il giorno dopo vedo in lontananza la figura snella di Maša stagliarsi sul campo. Indossa un paio di ampi pantaloni di lino chiaro e una camicetta scura. Una tenuta che la ringiovanisce parecchio. Notato il mio sguardo, dice imbarazzata: «Così è più pratico».

Lavoriamo inginocchiate per terra, l'una accanto all'altra, e intanto ci raccontiamo le nostre vite. Maša non ci crede che, in questo periodo, io riesca a vivere senza un uomo.

«Ma anche tu te la cavi benissimo senza tuo marito» azzardo. Maša mi guarda sconcertata.

A mezzogiorno torniamo a casa e lei porta in tavola il pranzo al marito, che sta già sbraitando.

Il terzo e ultimo giorno Maša viene da me e mi dice: «Hai ragione, da sole ce la caviamo benissimo». Dall'espressione e dal tono di voce capisco che non pensava fosse possibile sbrigare il raccolto senza l'aiuto di un uomo. Ma è anche il primo anno che suo marito non è stato costretto a interrompere le sue bevute per lavorare.

Rientriamo a mezzogiorno. Il marito pretende che Maša gli porti subito il pranzo. Lei esita un istante, poi si gira tranquilla verso di lui e gli dice: «Aspetta, ora ho da fare».

Il contadino resta a bocca aperta. Fa per mettersi a urlare quando, malgrado i fumi dell'alcol, nota la pacata fermezza che irradia sua moglie e si lascia ricadere sul divano. Maša è raggiante e orgogliosa per la vittoria.

Dopodiché scende in cantina, torna indietro con un pezzo di lardo e, dopo averlo impacchettato accuratamente, me lo offre. Poi si mette a preparare con calma il pranzo. Intanto il marito la osserva con occhi vitrei, senza fiatare. Anch'io sono sbalordita, ma la cosa più stupefacente deve ancora arrivare. Maša gli mette davanti il piatto pieno: «Tieni».

Il contadino si siede a tavola e, imbarazzato, si lascia

sfuggire una parola che non avevo mai sentito sulle sue labbra: «Grazie».

La speranza di assistere a un'impennata analoga di autostima anche nel caso della vecchietta tedesca ha trasformato gli incontri bimensili con Heinrich in un evento particolare. E, in effetti, qualche piccolo progresso si vede. Peccato che siano solo della signora F. e non del cane. Adesso la sua padrona pratica regolarmente sport, ha stretto nuove amicizie e si è addirittura iscritta a un corso per imparare a usare internet e 'studiare' il mio sito, come dice lei. Ma la voglia di impegnarsi a diventare un buon 'capobranco' per Heinrich le manca esattamente come prima, anche perché è convinta che debba essere lui a cambiare atteggiamento, e non lei.

Al suo interesse iniziale è subentrata una certa tendenza alla recriminazione. Ad esempio, mi spiega indignata che Heinrich la morde, quando cerca di pulirgli le zampe dopo una lunga passeggiata nella neve. Allora le chiedo di mostrarmi come fa.

Dopo averlo abbrancato per una zampa, gliela strofina con malagrazia, borbottando in un tono insolitamente sgarbato: «È necessario, non fare tante storie. Tu non hai mica tutte le rotelle a posto». Heinrich azzanna l'aria intorno e cerca di sfuggire alla padrona.

«Ma, signora F., a lei piacerebbe se la trattassero così?»

Mi guarda sconcertata, perché non capisce che cosa intendo. Con angoscia mi rendo conto che non sospetta neppure che ci si possa comportare diversamente. Allora le chiedo di passarmi l'asciugamano e propongo in tono amichevole: «Adesso proviamo in un altro modo, d'accordo?»

Mi accovaccio e chiamo Heinrich, che arriva subito scodinzolando. «Cuccia!» gli ordino con aria raggiante, come se mi attendesse un compito particolarmente piacevole.

Heinrich si affretta ad assumere la posizione richiesta.

Allora comincio ad accarezzarlo e lo rigiro scherzosamente sul fianco. Lui mi offre subito il ventre. Io prendo l'asciugamano e gli strofino teneramente il pancino. Il cane emette un gemito di soddisfazione. *En passant* gli pulisco anche le zampe, ma alternando sempre toccatine affettuose sul ventre e sulla gabbia toracica. Questo nuovo trattamento-benessere lo appaga a tal punto che socchiude gli occhi e grugnisce.

«Guardi, basta fare così» suggerisco alla padrona. «In questo modo lei avrà un tappeto pulito e anche Heinrich sarà contento».

Eppure colgo della riluttanza nello sguardo della donna. Lo tradurrei così: «Non bisogna dargliela vinta». A poco a poco comincio a capire che il problema non consiste solo nella scarsa dimestichezza col ruolo di guida, ma soprattutto nel suo ostinarsi a credere che sia Heinrich a dover cambiare e non lei. Ma subito dopo scopro un altro punto spinoso.

Percorriamo il lungo sentiero che attraversa il giardino. Ogni volta che passa qualcuno per strada, non importa se da solo o con un altro cane, la signora F. deve impedire che Heinrich corra al cancello per mettere in fuga gli estranei. Il gesto che fa per frenarlo è talmente poco convinto che lui non se ne accorge neppure.

«Signora F., se fa così» e imito il modo fiacco in cui sventola la mano, «Heinrich non crederà mai che intende sul serio e che penserà lei a tutto. Deve metterci un po' più di energia. Così, ad esempio». Mi avvicino con passo deciso e le do una piccola spinta. Piccola, ma talmente inaspettata da sbilanciarla, facendola ruzzolare nella siepe. Spaventata, mi sporgo in avanti per tenderle la mano. Ma la signora F. riemerge raggiante dai cespugli ed esclama: «Niente da fare, Maja, quando lei è qui succede sempre qualcosa di straordinario. Adesso quando mi trovo con le amiche a prendere il caffè, ho sempre qualche novità da raccontare».

In questo esatto secondo capisco che la signora F. ha un altro ottimo motivo per rivolgersi a me. Per lei sono anche una buona compagnia. In genere non ho nulla in contrario se la gente è contenta di passare un'ora con me, ma questo non influisce minimamente sulle condizioni di Heinrich. Allora decido per la prima volta di porre un ultimatum:

«Signora F., per la prossima lezione le do un compito a casa: far restare Heinrich dietro di lei quando apre la porta. Gliel'ho mostrato già varie volte, dovrebbe essere in grado. Se non si esercita da sola e non ripete quello che facciamo insieme, non cambierà mai niente».

«D'accordo, ci proverò» dice come al solito e poi, come al solito, quando torno se ne è dimenticata.

Heinrich si precipita mugolando verso il cancello, mentre la signora F. mi aspetta raggiante sulla soglia di casa. È felice perché può raccontarmi che il cane negli ultimi giorni si è comportato in maniera tremenda.

«Per forza, non fa niente per cambiare la situazione» replico.

«È lui che deve cambiare» dice indicando Heinrich.

«E perché? Guardi che lui fa tutto giusto» dico un po'

contrariata. «La punisce perché lo costringe a comandare e lui *non* ne ha voglia».

Con un risolino imbarazzato chiude la porta di casa per andare a fare una passeggiata. E il guinzaglio lo consegna a me.

Ho un'illuminazione improvvisa: la signora F. non imparerà mai a condurre il cane, se lo faccio io ogni quindici giorni. Una semplice constatazione che arriva un po' in ritardo e che non influisce minimamente sulla simpatia che provo per lei. Ma sulla mia valutazione del nostro lavoro, questo sì.

«Signora F., finché non si assume la responsabilità di condurre Heinrich, non posso più fare niente per lei. Non serve a nulla che venga qui ogni due settimane, lei mi racconta soltanto che cosa fa Heinrich di sbagliato, io invece le faccio vedere quant'è in gamba il suo cane... insomma, possiamo andare avanti così all'infinito. Se se la sente davvero di cambiare atteggiamento, sono a sua disposizione. Ma per il momento è meglio prenderci una pausa, perché possa chiarirsi le idee».

La signora F. mi guarda stupefatta, poi si avvicina e mi getta le braccia al collo. «D'accordo, mi faccio viva io» dice.

Due mesi dopo squilla il telefono.

«Maja, adesso riesco a pulirgli le zampe, a Heinrich piace tanto» mi racconta la signora F. in tono circospetto.

«Meraviglioso!» esclamo, rallegrandomi.

«Adesso posso perfino sedermi sulla panca» aggiunge non senza una punta di orgoglio.

«Però! Complimenti» dico.

«Quando usciamo ho ancora qualche problema. Ma credo che potrei imparare, col suo aiuto» butta lì.

Mi sembra un sogno, sentire solo ‘io, io, io’, e niente più lamentele sul conto del cane.

«Sono molto orgogliosa di lei» dico alla signora, che è più anziana di mia madre.

Suona strano, però è così.

Girotondo

A un incontro con il pubblico spunta fuori una coppia che mi guarda con aria diffidente, un po' come se mi attendesse al varco. Ho l'impressione che ci separi un muro invisibile. Proprio per questo sono felice quando, alla fine della conferenza, si avvicinano per fissare un appuntamento per Max, il loro cane.

Mi raccontano di averlo preso in un canile. Incerti sul da farsi, l'hanno portato alla Federazione Sport Cinofili, frequentata da persone che, definendosi grandi esperti, li hanno sommersi di buoni consigli. In linea di principio, per fare la stessa esperienza non c'è bisogno di andare alla Federazione, basta parlare con gli altri padroni a spasso col cane. Cento persone vi daranno cento consigli diversi in perfetta buona fede. E la cosa più interessante è che, spesso, a dirvi cosa fare sono proprio quelli che non hanno il vostro stesso problema. Ad esempio, il padrone di un cane che non ha l'istinto del cacciatore vi insegnerà un ottimo trucco per distogliere il vostro dalla caccia. Non c'è da stupirsi che col suo cane (che non caccerebbe neanche una mosca) abbia funzionato. Ma anche i proprietari di cani giocherelloni e sicuri di sé sapranno senz'altro darvi un'infinità di consigli su come comportarsi con quel fifone del vostro. Se invece vi capiterà di imbattervi in una persona che ha il vostro stesso problema, vi ritroverete davanti un interlocutore molto partecipe, ma sprovvisto di qualsiasi suggerimento.

La coppia è frastornata dalle opinioni contrastanti espresse dagli appassionati di sport cinofili.

«Alcuni dicono che è un mostro, altri che è un tesoro. E noi non sappiamo più che razza di cane abbiamo. Potrebbe passare a vederlo e darci un giudizio?»

Capisco l'incertezza, dal momento che Max è il loro primo cane. Ma il fatto che non siano stati in grado di instaurare un rapporto con lui mi irrita un po'.

Un mese dopo, quando busso alla loro porta, sento rimbombare la voce profonda e soddisfatta di un cane. Max è davvero bellissimo. Un incrocio tra un bardino e un bulldog americano, grosso, muscoloso, con una testa di tutto rispetto, un mantello stupendo e occhi superbi.

L'irruzione di un'estranea nel suo territorio lo rende inquieto. Comincia a girare in tondo istericamente, con le pupille dilatate.

«Però in fondo non mi ha ancora attaccato, è un buon segno». Non faccio in tempo a pronunciare questa frase che Max mi salta addosso come un ossesso. Vorrei allontanarlo con un movimento brusco dell'anca, ma poi lascio perdere perché ho la sensazione che, essendo così insicuro e nervoso, se insistessi finirebbe per mordermi.

Allora chiedo al marito di mettere a Max il guinzaglio. Poi gli faccio vedere come convincerlo a restare da qualche parte (in questo caso la sua cesta) senza aprir bocca e senza tenerlo fermo o legarlo. Mentre ci esercitiamo, i due mi raccontano la sua storia. Max ha un anno e mezzo ed è cresciuto in un canile. La sua provenienza è ignota. Le prime due settimane è andato tutto bene, poi si è messo a divorare le cose di casa mentre loro erano al lavoro. Allora uno dei cinofili gli ha dato un consiglio formidabile: «Perché non lo chiudete in uno scatolone?» E, in effetti, i due, per salvare l'arredamento, hanno cominciato a tenerlo nove ore al giorno chiuso in uno scatolone dove non riusciva nemmeno a girarsi. Dopo tre mesi di prigionia, appena uscito dalla scatola, il cane ha preso l'abitudine di mettersi a girare in tondo, come per rifarsi della forzata immobilità. E continua tuttora. Avrete notato senz'altro questa tendenza morbosa negli animali allo zoo. È un modo per sfogare lo stress. Come la camera d'aria troppo gonfia di una bicicletta, che scoppierebbe se non si facesse uscire un po' d'aria dalla valvola.

Per Max girare in tondo è diventato una valvola di sfogo, ma anche una mania. Ad esempio acconsente a restare nella cesta solo a patto di girarsi in continuazione. Appena riesce a uscirne, prima fa velocemente il giro del salotto e poi torna nella cesta. Non si può dire che si rifiuti di fare quello che gli viene richiesto, ma può obbedire soltanto a certe condizioni. Per non esplodere, è costretto a muoversi senza sosta.

Una volta ho avuto a che fare con un giovane cane da caccia femmina che era iperattiva. Per riuscire a restare dov'era mentre il padrone le nascondeva un pupazzo da riporto si metteva a saltare in alto. Così riusciva a star ferma e, contemporaneamente, sfogava la tensione che le procurava il divieto di allontanarsi. Il suo giovanissimo padrone avrebbe voluto rimproverarla, ma avrebbe commesso un errore imperdonabile, perché lei ce la stava proprio mettendo tutta per venire incontro ai suoi desideri.

Chiedo ai due come si svolga la loro giornata. Il marito deve essere al lavoro presto ed esce col cane per una mezz'ora verso le cinque, dopo aver fatto colazione. Alle sette va al lavoro. La moglie esce con Max altri dieci minuti verso le otto, ma fa soltanto un giretto davanti a casa, non oltre, perché non si fida di quel cane così grosso e aggressivo. Ammette di avere paura, per questo il rapporto con lui va ancora così così. Si limita a dargli da mangiare, a tutto il resto ci pensa il marito. Alla sera lui rientra verso le sei, a volte anche le sette.

«E quando torna dal lavoro esce di nuovo con Max?» chiedo senza sperare in una risposta affermativa, mentre annoto tutto con la mia stilografica.

L'uomo mi guarda sbalordito: «Certo che no, prima di tutto devo arrivare a casa. Poi mi riposo un po', faccio la doccia e, dopo aver mangiato, esco con lui».

Resto talmente di stucco che non riesco a spiccicare una parola, mi limito a deglutire. Evito di guardare la mia collaboratrice Anja, seduta accanto a me. Ma sono certa che anche lei è sconvolta. «Allora, tra una cosa e l'altra, dal suo arrivo a quando esce col cane passa almeno un'ora?» cerco di ricapitolare in tono impersonale.

«Sì, certo» risponde.

Poi occorre sapere che non lasciano mai libero Max, ma lo tengono sempre al guinzaglio corto, perché non si fidano di lui.

Indico il cane e dico col tono più calmo possibile: «Come vedete dalla sua stazza, avete a che fare con un esemplare da competizione. Non c'è da meravigliarsi se Max non riesce a sfogare tutta la tensione che ha accumulato per mesi, se l'unica possibilità che ha di fare movimento è una passeggiatina al guinzaglio la mattina e una la sera, e se tutto il giorno viene lasciato da solo ad annoiarsi. È come se vi tenessi rinchiusi otto, nove ore al giorno in una stanza vuota senza giornale, televisione o radio. Sono certa che anche voi accumulereste un'agitazione di cui non riuscireste tanto facilmente a sbarazzarvi».

«Volevamo farlo correre dietro alla bicicletta, ma ha soltanto un anno e mezzo e la veterinaria ha detto che non può ancora correre tanto».

Probabile che l'abbia detto sei mesi fa. Ma adesso, con una stazza del genere, uno sforzo fisico moderato e costante non avrebbe alcuna controindicazione. Inoltre, mi stupisce come moglie e marito abbiano tanto a cuore la salute del cane, mentre delle sue condizioni psichiche si preoccupano unicamente se ne va dell'integrità dei mobili, o quando Max li disturba troppo girando in tondo.

Devo ammetterlo: non ci credo. Quest'affermazione mi sembra più che altro un alibi, un pretesto per giustificare l'insufficiente libertà di movimento concessa al cane.

«Per di più, da queste parti non sapremmo dove farlo correre» aggiunge il marito.

Anja lo guarda sbalordita ed esclama: «Ma come, Arkenberge è qui dietro l'angolo!» In effetti, questo splendido parco riservato ai cani, che frequento quotidianamente pur abitando lontano, dista soltanto un paio di chilometri.

«Ma lei ci viene con la macchina» osserva l'uomo in tono di rimprovero. «Io invece dovrei andarci in bicicletta».

«Appunto, due chilometri più la passeggiata nel bosco e il ritorno per Max sarebbero l'ideale».

L'uomo non sembra affatto entusiasta alla prospettiva e io sono sempre più irritata.

«Se non trova innanzitutto un modo per consentire a Max di sfogare la tensione che ha accumulato, non vedo come potrei fare per aiutarla a correggere quelle cose che la disturbano, tipo gli strattoni al guinzaglio, il girare in tondo e gli attacchi agli ospiti. Ma non capisco neppure come farebbe Max ad andare avanti così».

Mentre discuto con i suoi padroni, spiego al cane che ora può muoversi. Restare fermo in queste condizioni sarebbe solo un'inutile sofferenza. In compenso, gli insegniamo a giocare a *touch*, cioè a toccare col muso la nostra mano. Io e Anja ci alterniamo e Max si esercita con grande entusiasmo, come se ne andasse della sua stessa vita. Smette addirittura di girare in tondo. Ma appena interrompiamo l'esercizio, ricomincia. Leggendo nei suoi occhi una riconoscenza infinita per avergli insegnato questa cosetta minima, mi intristisco. E dire che sarebbe così semplice, penso.

Propongo alla coppia di cercare un dog walker o un'altra persona che porti Max ad Arkenberge di giorno.

«Ma sarebbe una spesa» osserva la moglie.

Evito di farle notare che lavora anche lei e non hanno figli. Mi limito a ripetere quanto già detto: «Se non trovate una soluzione di questo genere, le cose andranno sempre peggio e non potrò più aiutarvi». Lascio il numero di telefono di due dog walker e fisso un appuntamento telefonico per sentire che cosa hanno deciso.

Anja e io torniamo a casa, dispiaciute per il cane e per il destino che lo attende. Siamo d'accordo sul fatto che ha avuto la sfortuna di finire in mano ai padroni sbagliati. Lungo la strada le racconto una storia che Max mi ha fatto tornare in mente.

Ljudmila è una femmina di pastore. Taglia piccola, pelo lungo, ha perso chissà come la punta della coda. Gli abitanti del mio quartiere tagliano la corda, quando scorgono in lontananza i capelli rosso fuoco della sua padrona. Ma per evitarla non è indispensabile avvistare la sgargiante chioma tinta, la signora segnala il suo arrivo anche in un altro modo: «Ljuuuudmilaaa! Vieni qui! Lascia stare! Ljuuudmilaaa!!! Nooo!» strepita.

Ma la cosa raccapricciante è che Ljudmila non fa *nulla* che giustifichi simili scenate. Si limita a trotterellare accanto alla padrona, guardandola con perplessità.

Immaginatevi un vecchietto che arranca col suo bastone. Arriva qualcuno e gli urla: «Ehi, non correre così! Basta! Smettila!» Non sarebbe tremendo?

Una volta raggiunti i giardini in Arnimplatz, a Ljudmila è concesso di riportare due volte il bastone e poi via, di nuovo a casa. Anche per oggi è tutto. Mai che abbia visto la signora portarla fuori più di una volta al giorno.

A un certo punto la padrona deve andar via per una settimana. Affida Ljudmila a un uomo che raccoglie le bottiglie, setacciando ogni mattina il contenitore in cortile alla ricerca di vuoti a rendere. Al manubrio della sua bicicletta c'è sempre un vaso di fiori freschi, in un supporto apposito. È una delle persone più felici che conosca. Solo la mia cagna Frieda ha paura dell'"uomo con la bicicletta', perché i vuoti del suo bottino sbattono e fanno rumore. Lui cerca di conquistarsi la sua fiducia: «Piccola, che c'è?» Ma lei fugge con la coda tra le gambe e riprende fiato solo dieci metri più in là.

Un giorno decido di mostrare a Frieda che non è lui a far rumore, ma la bicicletta. L'uomo si ferma, appoggia la bicicletta a un lampione e si accovaccia davanti a lei. Ma Frieda, con le pupille dilatate dal terrore, si rifugia dietro di me. Adesso al mostro delle bottiglie hanno pure amputato le gambe a rotelle! Questo è davvero troppo per lei.

Continua tuttora a evitarlo, anche se lui le sorride sempre amichevolmente.

Per una settimana il padrone di Ljudmila diventa il tizio che raccoglie le bottiglie. Posso dire soltanto una cosa: di rado ho visto un cane così felice. Gli correva accanto con gli occhi sfavillanti. Quando entrava in un cortile, montava la guardia alla bicicletta e si capiva che era molto orgogliosa del suo compito. Se le rivolgevi la parola mentre lo accompagnava al lavoro non ti guardava nemmeno. Aveva occhi solo per lui e alla consueta espressione disperata era subentrato un tenero sguardo d'affetto. Andarono avanti così una settimana. Anche l'uomo era cambiato: aveva rinunciato alle cuffie con cui di solito ascoltava la musica e, mentre andava in bicicletta, faceva conversazione con Ljudmila: «La vedi quella sulla panchina? È Kathe, sta sempre seduta lì. Senti, adesso io vado in cortile e tu stai attenta alla bicicletta. L'ultima volta sei stata proprio brava. Sei una ragazza in gamba! Poi compro qualcosina da mangiare e andiamo a casa a riposarci». Durante questi monologhi Ljudmila non gli staccava gli occhi di dosso e sembrava voler assorbire come una spugna le attenzioni che l'uomo le dimostrava.

Poi tornò la padrona:

«Ljuuudmilaaa! Lascialo stare! Vieni qui!»

Ljudmila faceva la spola tra lei e lui. Ansimava pesantemente, le pupille dilatate. Vederla in quello stato era straziante.

Due giorni dopo incontro il tizio delle bottiglie. Pallido, sorriso forzato. Gli chiedo se ha notizie di Ljudmila.

«L'altro ieri ha tagliato la corda, dopo che la padrona era venuta a riprenderla. Me la sono ritrovata davanti alla porta. Ovviamente l'ho fatta entrare, ero felicissimo. Avevo deciso di comprarla, volevo offrire alla signora dei soldi. Ma poi è arrivata lei e si è messa a urlare come una pazza. Ha detto che non vuole dar via Ljudmila. E non importa che somma le do». Il tizio si stringe nelle spalle: «E dire che stavamo così bene insieme...»

Nessuna legge vieta di lasciare un cane solo dodici ore al giorno. Nessuna legge impone di portarlo fuori più di una volta al giorno. Nessuna legge dice che non bisogna urlare con lui. Nessuna legge prevede che si debba pensare ai bisogni di un essere che dipende da noi. E che non bisogna maltrattarlo.

Ma il peggio è che per ogni cane esiste il giusto padrone, e viceversa.

Come fonderei volentieri un'agenzia specializzata in rapimenti canini e ri-affidamenti a nuovi padroni! Il mio sogno è far incontrare cani e padroni fatti l'uno per l'altro.

Anche per Max esiste sicuramente qualcuno che sarebbe felicissimo di correre ogni giorno con lui nel bosco e gli darebbe con gioia ciò di cui ha bisogno.

Il problema è: chi rapisce Max?

Il coniglio fifone

L'appartamento splende di una solitudine rosa e crema. Ogni giorno qualcuno lo pulisce da cima a fondo. Quasi quasi ci si augurerebbe di imbattersi in un granello di polvere, una crosta di pane o un segno qualsiasi di vita.

La padrona di casa l'ho vista per la prima volta sei mesi fa, mentre stavo andando con i miei cani Viktor, Frieda e Tinka agli orti di Bornholmer Straße.

Una signora vedendoci arrivare trasalisce, anche se mancheranno ancora duecento metri. Guarda spaventata i suoi due chihuahua che danno subito l'allarme.

Grido: «Non si preoccupi, sono buonissimi». Richiamo i cani e le sorrido amichevolmente.

Lei resta impietrita.

Allora spiego ai cani che devono restare fermi dove sono e raggiungo la signora. Le pupille dei chihuahua, già normalmente molto sporgenti, si sono dilatate ancora di più per la paura, sembrano due fondi di caffè. «Venga pure avanti. Lo vede? I miei cani hanno capito e stanno alla larga».

La signora li guarda con aria scettica e poi, all'improvviso, tira un sospiro di sollievo. Evidentemente è giunta alla conclusione che può fidarsi, anche se per lei non è facile. Nello stesso istante anche i chihuahua smettono di abbaiare. Annusano curiosi l'aria, chiedendosi con chi hanno a che fare.

«Quella bianca e nera si occupa dei cuccioli della mia scuola. È particolarmente brava proprio con i piccoli» dico, indicando Frieda.

«Però è così grooossa...» osserva la donna, spaventata.

«... e premurosa» puntualizzo.

«Ha una scuola per cani?» domanda timidamente.

Annuisco.

«Sa, in realtà sono *io* ad aver paura dei cani» mi confida in tono esitante.

Stupita da quest'ammissione, spiego: «Se pensa di aver bisogno di aiuto, come terapeuta fornisco supporto psicologico alle persone affette da cinofobia».

«Sì, ma anche i miei cani hanno paura, quando vedono un altro cane. Certe volte si mordono perfino tra di loro».

«Anche in questo caso posso aiutarla» dico.

Le lascio un biglietto da visita. Lo infila nella borsetta e mi sorride, un po' diffidente.

E ora eccomi a casa sua, sei mesi dopo. Evidentemente ci ha messo un bel po' a trovare il coraggio per chiamarmi.

I chihuahua sono due femmine e si chiamano Juliane e Daphne. Mi zampettano intorno impazienti. Adesso sembrano proprio due cagnoline normalissime, perché sono sul loro territorio e sentono che la padrona è rilassata, o quasi. Sono solo molto più piccole degli altri cani. Hanno ossicini fragili come quelli di un porcellino d'India e, in effetti, mi immagino cosa potrebbe succedere, se un labrador giocherellone si buttasse senza riguardo su di loro. Ma sono molto intelligenti, hanno voglia di imparare ed eseguono tutti gli esercizi con molto impegno.

Adesso voglio mostrare alla padrona come utilizzare i

'vocaboli' della lingua canina e appoggio la scatoletta piena di arrosto di tacchino sul pavimento scintillante del salotto.

Le due femmine di chihuahua, che saranno a un tre metri di distanza, scattano subito in avanti. Con un 'pssst' gli faccio capire che la scatoletta è tabù. Si fermano un attimo e poi cominciano ad avvicinarsi pian piano a quell'oggetto dal profumo così invitante. Nel frattempo mi tengono d'occhio. Immaginatevi che un conoscente seduto con voi in salotto sposti adagio un bicchiere d'acqua lungo il bordo del tavolo, studiando le vostre reazioni. Più o meno così mi osservano le due chihuahua.

Vorrei avvicinarmi e bloccare loro lo spazio, quando vedo schizzarmi davanti un coniglio enorme, come sparato fuori da un cannone. Spazza via le chihuahua con molto più impeto di quanto avrei fatto io e si mette ad annusare il tacchino.

Sbalordita da quest'entrata in scena alla Superman, cerco con lo sguardo le due poverette che nel frattempo si sono rifugiate sotto una poltrona. Ritrovo il dono della parola soltanto dopo un po': «Ma da dove sbuca il coniglio?»

«È Arthur» annuncia la donna con tenerezza. «Ha già nove anni, è il nostro nonnetto».

In effetti, a un esame più attento, il pelo del coniglio risulta diradato e i suoi movimenti ricordano quelli di un anziano artritico, soprattutto adesso che si allontana dal tacchino con un'espressione quasi sdegnata. Il ritratto di un vecchio bisbetico.

Non mi considera minimamente. Ma nemmeno le due cagnoline sembrano meritare la sua attenzione. Saltella tutto irrigidito dalla padrona e si mette seduto ai suoi piedi.

Cerco di stanare le due signorine da sotto la poltrona, ma la paura del coniglio è più grande. «Dovrebbe sfruttarlo come capobranco» propongo per scherzo alla padrona.

«Ci pensa già da solo» risponde in tono serio.

Guardo il coniglio che se ne sta impettito come un generale davanti a lei, senza batter ciglio, e me lo immagino con guinzaglio e museruola in giro per la strada. Un'immagine più che realistica, considerata la stazza. Non ho mai visto un coniglio con un'espressione così dignitosa e risoluta.

Al telefono racconto per sommi capi la storia a mia madre. Lei commenta col suo meraviglioso accento sassone: «Ah, un coniglio che protegge un altro coniglio, quella fifona della sua padrona». Dopo questa perla di saggezza quasi orientale, la settimana seguente comincio la terapia del 'coniglio fifone'.

Scopro infatti che le femmine di chihuahua si comportano in modo normalissimo. Se cammino io con loro, non abbaiano e non si spaventano vedendo altri cani. In questo caso bisogna aiutare la padrona, affinché non trasmetta la sua paura alle cagnoline.

Immaginatevi di camminare per strada a braccetto con un'amica. Lei si blocca terrorizzata ogni volta che vede sbucare un tizio con una borsa nera. Prima o poi anche voi comincereste ad avere paura di tutti gli uomini con una borsa nera. Lo stesso succede alle due femmine di chihuahua, costrette a convivere con una padrona fifona che si spaventa ogni volta che vede un cane sconosciuto. Di conseguenza mi concentro sul supporto psicologico da fornire alla signora. Le due cagnoline infatti non hanno bisogno di alcun aiuto.

La precisione fatta cane

Se la femmina di cane pastore Shiva fosse una persona, sarebbe sicuramente un'ottima bibliotecaria o un'apprezzata consulente fiscale, insomma potrebbe esercitare con successo una professione che richiede una certa pignoleria. Shiva dal pelo candido reagisce con grande puntualità agli stimoli esterni e ripete ogni esercizio con la precisione di un orologio svizzero.

Petra è l'esatto contrario. Rilassata e svagata, non si cura di quel che succede intorno. Guida un pulmino a fiori molto hippy che sarà pure stato nuovo, molti anni fa. Lavora come psicologa in una scuola. Al piano terra c'è 'La stazione', il punto di ascolto scolastico e professionale indirizzato ai ragazzi in difficoltà. Qui bambini, adolescenti e genitori trovano qualcuno che ascolta i loro problemi.

Petra mi ha telefonato perché, ogni volta che nel suo ufficio entra qualcuno, Shiva si mette a ringhiare, esibendosi in un concerto che ben pochi sono in grado di apprezzare, dal momento che suona alquanto minaccioso.

Io e la mia collaboratrice Anja restiamo da sole con Shiva, perché Petra deve andare a prendere due ragazzi che dovrebbero darci una mano con la terapia. Nel frattempo

Shiva ci tormenta ringhiando e sbuffando con aria di riprovazione: «Brrrhuuu, brrrhuuu».

Tuttavia, nel suo comportamento non c'è ombra di aggressività. Shiva ringhia soltanto per segnalare il proprio stato di insicurezza, non perché voglia attaccare. Abbiamo già fatto vari esperimenti nella zona per cani ai giardini, per vedere se Shiva avrebbe attaccato, se fosse stata sufficientemente impaurita. E ci siamo rese conto che non era questo il caso.

Alcune persone si ritengono aggredite non appena un cane si mette a ringhiare. Ma allora dovremmo domandarci che cosa significa quando tiriamo giù furibondi il finestrino e iniziamo a insultare gli altri automobilisti perché, secondo noi, non sanno guidare. Vuol dire che siamo tutti dei potenziali assassini?

Il cane ringhia o abbaia, non urla. Ovviamente, ciò non significa che ogni cane che ringhia o abbaia non abbia intenzione di attaccare. Anche quando siamo al volante non si può mai sapere. Quel che è certo è che, ringhiando, Shiva vuole esorcizzare quelle situazioni in cui percepisce un pericolo.

Mentre ripenso a questo caso e ai miei scrupoli iniziali sulla presenza di Shiva a scuola, mi torna in mente un progetto in Meclemburgo che avevo seguito per un mese quando ero agli inizi del mio tirocinio.

Una signora che lavorava con i cavalli aveva preso con sé due cani provenienti da un contesto di *animal hoarding*, una forma di squilibrio mentale (nel frattempo riconosciuto come una vera e propria malattia) che consiste nel tenere un gran numero di animali domestici, pur non essendo in grado di provvedere ai loro bisogni. In particolare i due cani che erano stati salvati venivano da una comunità di trenta animali tra gatti e cani, tenuti in un condominio di recente costruzione. Erano molto spaventati e nervosi e si rifiutavano categoricamente di allontanarsi da un angolo buio della stalla che avevano scelto come loro rifugio.

La donna mi aveva telefonato perché non sapeva cosa fare con loro. Dopo tre ore scarse erano progrediti al punto da seguirci al guinzaglio in cortile. Contemporaneamente, una sua collega stava tenendo una seduta di ippoterapia con alcuni adolescenti provenienti da contesti sociali difficili. Siccome alcuni ragazzi ci guardavano con curiosità, obbedendo a un'ispirazione improvvisa, domandai se qualcuno voleva darci una mano con i cani. Spiegai che tutt'e due avevano avuto brutte esperienze con gli esseri umani e che adesso erano spaventati e proprio per questo ringhiavano quando qualcuno gli si avvicinava.

Mentre descrivevo i problemi dei cani, mi accorsi che sul volto di uno dei ragazzi stava avvenendo una metamorfosi straordinaria. La sua espressione introversa, da duro, si era sciolta in uno sguardo di compassione. Sembrava che a colpirlo fosse in modo particolare il cane nero, Lucky, che fino ad allora si era portato dietro quel nome come un'ironia del destino. Insieme a un altro ragazzo, quattordicenne come lui, si dichiarò pronto a lavorare con i cani.

Questo ragazzo, che chiamerò Johannes, aveva un passato analogo a quello del cane. Anche lui aveva avuto brutte esperienze con gli esseri umani (i genitori), anche lui era stato vittima di violenze e aveva imparato a comportarsi a sua volta in modo violento per non essere più costretto a subire.

«Se attacco per primo, forse non mi succede nulla». È

la stessa parola d'ordine dei cani che assalgono gli altri perché hanno paura.

Per tutto il mese cerchiamo con grande cautela di avvicinare Johannes a Lucky. Alla fine ci rendiamo conto che il ragazzo è cresciuto, nel vero senso della parola, e che anche il cane sta acquisendo gradualmente fiducia. È come se Lucky avesse dimostrato a Johannes che è possibile vincere le proprie paure e che anche lui può offrire qualcosa agli altri, e non è solo una vittima. A un certo punto, il rapporto tra i due diventa stretto al punto che Johannes comincia a passare tutti i giorni dal maneggio per trascorrere un po' di tempo con Lucky. Purtroppo i genitori non gli permettono di tenere un animale, altrimenti glielo avremmo affidato volentieri. Anche l'amico di Johannes riesce a conquistarsi la fiducia dell'altro cane, sebbene il loro rapporto sia meno profondo.

Ma il momento più bello è stato sicuramente questo. Una volta sono arrivata al maneggio senza preavviso, per consegnare una richiesta all'ente di assistenza ai minori. Passando davanti alla stalla, ho sentito la voce di Johannes, sottile come quella di un ragazzino, che sussurrava: «Che amore che sei... Sei tu il mio Luckydog».

Devo ammetterlo: mi sono messa a spiarli da una fessura della parete. Quando ho visto Johannes e Lucky sdraiati l'uno accanto all'altro sul fieno, mi è venuto un groppo alla gola. Il cane aveva appoggiato la testa sull'avambraccio del ragazzo e lui gli teneva una mano sul fianco. Se ne stavano lì sdraiati, tranquilli. In quell'attimo di pace ebbi l'impressione di scorgere tutto l'abisso del loro passato di paura. E sentii che quel passato che li univa così tanto gli avrebbe permesso di stare insieme anche in futuro.

Shiva che ringhia di paura e il ricordo del lavoro con i

ragazzi in difficoltà – ecco due casi che sembrano fatti l'uno per l'altro.

Durante il primo incontro ci facciamo aiutare da Sebastian e Julie, dal momento che Shiva gli ha sempre ringhiato contro quando cercavano di entrare in ufficio. Sebastian gioca a fare il duro e nasconde il suo corpo enorme dentro una t-shirt extra large con cappuccio. Julie invece irradia gentilezza.

Spiego a Shiva che, quando dico *touch*, deve toccarmi col muso il dorso della mano. Poi la metto sopra quella di Julie e, dopo ogni *touch*, la sposto sempre un po' più in là, per scoprire la sua.

La maggioranza dei cani, elettrizzati dalla sfida e spinti dall'ingordigia, farebbero automaticamente *touch*, senza badare se la mano nel frattempo è quella di un altro. Non Shiva, che, malgrado la fame e il ritmo sostenuto dell'esercizio, sta ben attenta a non toccare per sbaglio la mano sconosciuta.

Ricorro allora a uno stratagemma e metto la mano sotto quella di Julie, in modo che il dorso della sua sia rivolto verso l'alto. Senza esitare un istante, Shiva infila la testa sotto le nostre mani e tocca la mia da sotto.

Petra ripete l'esercizio con Sebastian, ottenendo lo stesso risultato. In maniera quasi imbarazzante, Shiva sta attenta a toccare solo la mano di Petra. Impossibile che commetta un errore, con la sua precisione... Però intanto grazie a questo esercizio i ragazzi possono stare con lei, senza che si metta a ringhiare.

La volta seguente a darci una mano sono Pit e Sarah. Hanno tutt'e due quindici anni. Pit è un bel ragazzo e l'apparecchio per i denti gli conferisce un fascino particolare.

Dà l'impressione di essere timido, ma anche curioso e intelligente. Difficile capire invece che espressione abbia Sarah, visto che si è truccata come un apache pronto al combattimento. Porta un vestito attillato in cui prevalgono le sfumature del rosa e ha un'aria amichevole, ma incerta.

Ricorriamo allo stesso mestolo di legno che ha già svolto un ruolo importante nel capitolo *Il distributore di benzina*. Stavolta però lo utilizziamo per mantenere le distanze, mentre cerchiamo di stabilire un contatto. Procediamo con maggior cautela, per far sì che, finalmente, Shiva tocchi la mano di un estraneo.

Dopo aver fissato all'estremità del mestolo un pezzetto di salsiccia, Pit lo rivolge verso Shiva. Lei esamina la situazione e, ritenendola tollerabile, comincia a seguire il profumo invitante della salsiccia. Ogni volta che gliene offre un pezzetto, Pit riduce sempre di più la distanza tra la salsiccia e la mano, finché alla fine non sfiora il muso del cane.

Poi tende semplicemente la mano, proponendo a Shiva di fare *touch*. Lei obbedisce immediatamente. Siamo sbalorditi.

Shiva sembra apprezzare molto Pit e il suo modo timido di fare, con lui si sente più a suo agio. Un cane non rispecchia il nostro comportamento, bensì la nostra personalità, perché reagisce direttamente all'energia che emaniamo. E Pit emana evidentemente quel tipo di energia che a Shiva piace.

Il 'vieni qui!' è un'altra sfida per Shiva che, in genere, non si fida degli estranei. Sono certa che, solo mezz'ora fa, vedendo Sarah avrebbe ringhiato. Sarah è più insicura di Pit e ritrae sempre la mano quando il naso di Shiva si avvicina. Ciononostante, la cagna comincia a prendere confidenza e si lascia carezzare un pochino. «Non è ancora convinta» constata Sarah.

L'esercizio successivo ci offre un'altra dimostrazione sorprendente della sua precisione. Petra, Anja, Sarah e Pit si siedono in cerchio e la fanno giocare a *touch*. Lei fa il giro e, quando è il turno di Pit, gli porge addirittura la zampa. Pit dà l'impressione di intendersela con i cani, è lui quello di cui Shiva si fida di più.

Lo incoraggio a tenderle di nuovo la mano. Anche stavolta Shiva gli porge la zampa di sua iniziativa. D'ora in poi, al segnale *touch*, sfiora a turno il dorso della mano di ciascuno, ma solo a Pit offre fiduciosa la zampa, dopo aver fatto *touch*. E si capisce lontano un miglio che è contenta di non essersi dimenticata che 'con questo ragazzo *touch* significa toccare col naso la mano, ma anche dare la zampa'.

Concludiamo l'ora di addestramento con un esercizio 'visivo'. Shiva si mette spesso ad abbaiare quando una persona la guarda, perché evidentemente si sente a disagio. E invece deve imparare che non c'è nulla da temere.

Pit tiene nascosto del cibo nel pugno chiuso. Shiva si avvicina, mordicchia con cautela la mano, la tocca col naso e con la zampa. Niente da fare, il pugno resta chiuso. Irritata, lancia un'occhiata all'insù. Allora Pit apre immediatamente il pugno. Tutti ripetiamo a turno l'esercizio per stabilire un contatto con lei attraverso lo sguardo e farle capire che non solo non è pericoloso guardare gli uomini, ma addirittura è possibile ottenere da loro qualcosa di positivo.

Quando stiamo per andarcene, notiamo che i ragazzi fanno fatica a staccarsi dal cane. Si sono comportati magnificamente e oggi insieme abbiamo fatto molti passi in avanti.

Il fatto che Petra e Shiva abbiano caratteri opposti conduce però a un altro tipo di problema. Shiva si comporta in modo inequivocabilmente territoriale. Un atteggiamento complicato ulteriormente dalle sue paure. Non riesce proprio a sopportare che un estraneo faccia irruzione nello spazio che lei considera suo territorio.

Mentre Shiva, pignola com'è, comincia già a innervosirsi se qualcuno passa davanti alla porta, la rilassata Petra le dice di smettere di ringhiare solo quando i visitatori sono già entrati nella stanza e ormai non è più possibile distoglierla da quel monologo. La cagna dispone di tutta una serie di tonalità diverse per esprimere malumore, risentimento o insicurezza. Ovviamente, vedendola reagire così in ritardo, Shiva crede che la padrona 'dorma' e non si renda conto del pericolo. E quindi *deve* ringhiare, perché Petra si accorga finalmente della situazione.

Immaginatevi di essere una persona molto ordinata e che un casinista della vostra famiglia tornando a casa lasci sempre in corridoio le sue cose, con la scusa che tanto le metterà a posto più tardi. Voi certamente non riuscirete a capire come faccia a non dargli fastidio che le cose siano in disordine. E vi farà infuriare il fatto che qualcuno turbi il vostro ordine.

Il comportamento di Shiva è paragonabile a quello di un turista tedesco che in albergo scende alle cinque di mattina in piscina per stendere l'asciugamano sulla sdraio e tenerla occupata. Anche Shiva occupa il suo posto. Ma adesso deve imparare a rilassarsi e a lasciare che sia Petra a interessarsi del 'posto' di turno. Petra invece deve imparare a essere un po' più precisa, affinché Shiva possa fidarsi di lei. Una bella sfida per tutt'e due.

Arthur e il miracolo semplice

Un pomeriggio tardo di novembre, è già buio. I tergicristalli della jeep lottano contro la pioggia. Insieme alla mia collaboratrice Anja stiamo attraversando un quartiere poco illuminato di villette unifamiliari alla periferia di Berlino.

«Meno male che non faccio mai da sola le visite a domicilio, ma mi limito ad accompagnarti in macchina!» esclama Anja, guardando con raccapriccio le vie buie, vagamente spettrali. La mia collega è una ciclista convinta.

Faccio segno di sì con la testa. «Sai però che sono proprio curiosa?» dico, riferendomi al caso che ci attende.

«Anch'io, ma dopo la telefonata mi chiedo se riusciremo a cavarne qualcosa. Quel tizio era talmente negativo e arrabbiato con il cane che ho perso quasi ogni speranza» osserva.

«D'accordo, ma se il cane se la passa davvero così male, possiamo almeno convincerlo a darlo via. È stato lui stesso a proporlo. Così almeno il cane avrà un'altra chance. Ha pur sempre un anno e mezzo».

Anja annuisce.

Non per niente abbiamo deciso di andare a trovare il ridgeback Arthur insieme. In questi casi è sempre utile disporre di un altro parere.

*

Ad aprirci la porta è un giovanotto. Se la sua espressione fosse meno arrogante e impenetrabile, si potrebbe anche definirlo un bel ragazzo.

In salotto una giovane donna è seduta sul divano con un neonato minuscolo in braccio. È gentile in modo quasi eccessivo.

Ho la sensazione che non si aspettino granché da noi. Eppure qualche speranza dovrebbero averla, visto che ci hanno chiamato.

«Quante settimane ha?» domando, indicando il neonato vestito di azzurro.

«Sei» risponde. Nella giovane si è risvegliato l'orgoglio della madre.

«E lei è già di nuovo così magra?» chiedo, un po' sconcertata.

«Mangiare troppo è un errore che si commette solo al primo figlio. Allora avevo preso una quindicina di chili. Con il secondo sono stata più furba» dice, e ride.

Non posso che annuire, ammirata. Con lei ormai il ghiaccio è rotto.

«Ma lui dov'è?» chiedo, portando il discorso sul cane.

Il giovane indica la porta della terrazza.

Il ridgeback preme il muso contro il vetro. La fronte a piegoline, tipica della sua razza, assomiglia a una stoffa plissettata e conferisce al volto un'espressione preoccupata, molto commovente.

«Prima di farlo entrare, potreste riassumermi ancora una volta, per favore, a che punto siete con Arthur?» dico, rivolgendomi al giovanotto. Da quando abbiamo cominciato a parlare del cane, ha un'aria furibonda.

«Allora, questa è l'ultima possibilità che gli diamo» sbotta innervosito.

«E quante ne ha avute finora?» chiedo in tono imparziale.

«Più che a sufficienza» risponde, mitragliando le parole come fossero proiettili. «Ho provato tutto quello che ho trovato nei libri sui cani, tutto. Niente da fare. Da quando è con noi, Arthur piscia ovunque. Roba da vomitare. Ne ho veramente piene le scatole».

La giovane donna annuisce convinta.

«Ma quando ha cominciato?» mi informo.

I due si scambiano un'occhiata.

«Dunque, in realtà non ha mai smesso» risponde la donna in tono esitante. «Prima era un cucciolo e quindi chiudevamo un occhio, ma poi ha cominciato subito a segnare il territorio, senza soluzione di continuità».

«Avete un'ipotesi sul perché? Una causa scatenante, legata a una situazione particolare?»

«Tutto quello che possiamo dire è che quando è da solo con me o con mia moglie non lo fa mai» spiega il giovanotto. «Piscia esclusivamente quando siamo insieme noi due. Ma la cosa peggiore è che lo fa di nascosto. Non riusciamo mai a beccarlo. Sparisce non si capisce bene come e piscia apposta per farci dispetto. Quando resta qui con mia moglie, aspetta che sia tornato a casa. E quando lo porto con me al lavoro, solo se mia moglie passa a salutarci».

«Con il cane in casa ci sentiamo come prigionieri» aggiunge lei. «Uno di noi due è sempre costretto a stare con lui e a tenerlo d'occhio, altrimenti finisce che non ce ne accorgiamo ed è già successo un patatrac. Spesso però mio marito è al piano di sopra e io sono giù con i bambini. Allora, se il mio primogenito, che ha due anni, va in un'altra stanza, per seguirlo devo lasciare da solo Arthur e mettere in conto che faccia una pozzanghera così. Nelle ultime settimane lo abbiamo chiuso fuori in giardino, perché non è più possibile andare avanti in questo modo, anche per motivi di igiene».

Mi viene un groppo alla gola. Il rhodesian ridgeback basa la percezione del calore sulle temperature del Sudafrica, suo paese d'origine. Qui invece siamo a Berlino, ed è novembre. Per di più, il cane è un animale abituato a vivere in branco, non si può escluderlo così, come se niente fosse.

Quando si affronta un caso nuovo, è necessario innanzitutto 'registrare' i fatti e le emozioni spassionatamente, senza formulare giudizi. Per questo domando in tono impersonale: «In che modo fate sfogare il cane?»

I due si scambiano un'occhiata, dopodiché è la moglie a rispondere:

«Vede, non è che sia proprio un divertimento andare in giro con lui. Tira come un cavallo e salta continuamente di qua e di là. Per questo non lo portiamo fuori molto spesso al guinzaglio».

«E senza?» domando, attaccandomi all'ultima speranza.

«Per farlo correre bisogna prendere l'auto e uscire dall'abitato» spiega il marito. «Ma se non lo teniamo d'occhio, piscia pure in macchina. Non è più possibile andare avanti così».

Entrambi guardano in basso, come per mettere fine alle domande.

«Dunque passa tutto il tempo in giardino?» chiedo.

«E da me, al lavoro» aggiunge il giovanotto. «Anch'io lavoro all'aria aperta. Ma il problema è che adesso a casa ha cominciato a pisciare in modo perfido contro la porta della terrazza. Ed è così abile che fa sgocciolare tutto dentro». Inviperito, salta su e mi mostra il battiscopa sotto la porta a vetri. «Lo vede? È ancora tutto bagnato. Poco prima che arrivasse, ha fatto una pozzanghera grossa così» e descrive con le braccia un diametro di circa un metro. «Glielo giuro. È talmente subdolo, questo cane...»

«Ma almeno c'è qualcosa in Arthur che vi rende felici?» domando.

Entrambi rispondono contemporaneamente e in tono più che convinto: «No, certo che no!»

Mi immagino se facessero la stessa domanda a un mio amico riferendosi a me. E lui rispondesse: «No, certo che no!»

Dal punto di vista emotivo sarebbe una condanna a morte.

Uno deve rimanere davvero male a sentirsi dire una cosa simile.

Lo stesso vale anche per i rapporti d'amore. Quando scopriamo che il nostro partner ci ha tradito, spesso il dolore è talmente grande che non ci si ricorda più delle sue qualità positive. Ci si sente delusi, frustrati, offesi, feriti.

Anche nel caso della giovane coppia sono sentimenti analoghi a entrare in gioco. Il fatto stesso di attribuire al cane intenzioni subdole e perfide, perché urina premeditatamente in salotto senza farsi scoprire, li ferisce e li fa sentire frustrati. E le offese sono molto più corrosive dell'urina. Avvelenano tutto.

«Ma perché non vi siete rivolti prima a uno specialista? Non voglio criticarvi, il mio è puro interesse» dico.

Il giovanotto prima scaccia questa domanda indesiderata con un movimento brusco della mano, poi risponde: «Pensavo di farcela da solo. A dire la verità, dubito che anche lei riesca a trovare un rimedio». E aggiunge, fissandomi negli occhi: «Oppure le è già capitato un caso così difficile?»

Mi sforzo di non sorridere, anche se trovo la domanda alquanto comica. Inutile raccontargli di altri casi molto più complicati, perché per lui, ovviamente, il suo problema è il più grave del mondo. Lo riguarda direttamente e, per di più, è da secoli che cerca di risolverlo. Ma, soprattutto, non riesce proprio a capire perché il cane si comporti così.

«Io invece spero di riuscire a trovare una soluzione, se mi fate conoscere Arthur» rispondo, proponendo di lasciar entrare il cane.

Il cagnolone ci saluta scodinzolando. Zampetta goffamente come un cucciolo, il che è vagamente buffonesco, vista la stazza. Saltella felice di qua e di là, come un capretto maldestro. Quel che invece è preoccupante è il suo aspetto ossuto e scavato.

«Come mai è così magro?» domanda Anja spaventata.

Il giovanotto guarda imperturbabile il cane: «Magro? A me sembra normalissimo».

«Se fosse normale sarebbe un po' diverso» intervengo.

«Guardi che il suo cane ha davvero l'aria malata» aggiunge Anja.

Allora la moglie accenna vagamente a una disfunzione della tiroide. Ho la sensazione che non verrò a capo di nulla, prima bisognerebbe aver parlato con il veterinario.

Adesso Arthur si è messo a ispezionare di corsa ogni centimetro della casa. Annusa dappertutto e sembra molto teso. Non è l'annusare normale di un cane che vuole scoprire quali odori sono penetrati in casa durante la sua assenza. Sembra piuttosto il tentativo un po' maniacale di riprendere il controllo di una situazione che gli è sfuggita, perché è rimasto chiuso fuori. Più che una ricognizione, ricorda un rilevamento pedante delle impronte. Una decina di minuti dopo non si è ancora calmato. Anzi, continua ad aggirarsi qua e là e sembra sempre più agitato.

«Ora che mi avete spiegato i vostri problemi con Arthur – e mi sembra di averli capiti bene – vorrei però cercare di scoprire qual è il problema *per* Arthur. Quindi vi chiederei come prima cosa di abbracciarvi, dirvi cose scherzose e dimenticarvi completamente dell'esistenza del cane. Anche se immagino che in presenza di due estranee possa sembrarvi un po' strano».

Il giovanotto si stropiccia imbarazzato le mani. Sua moglie invece prende l'iniziativa e, dopo aver deposto il neonato in una cesta, lo abbraccia. I due fanno finta di azzuffarsi e poi si baciano.

Arthur se ne sta lì e li guarda. Non sembra interessarsi minimamente a quello che fanno. Dunque non è l'interazione tra i coniugi la causa della sua tensione (che faccia la pipì ovunque perché è troppo teso mi sembra ormai evidente. Ma perché è stressato quando i suoi padroni stanno insieme?).

Chiedo al giovanotto di uscire dalla stanza e di spiegare al cane che deve restare qui.

«Fermo qui!» lo rimbrotta ed esce dalla stanza.

Il cane resta sulla soglia a capo chino, seguendo il padrone con lo sguardo.

Indeciso sul da farsi, dà un'annusatina al pavimento, poi comincia a seguirlo lentamente.

L'uomo torna indietro e ruggisce: «Resta lì!»

Il cane abbassa la testa ancora di più e torna indietro di corsa.

Il padrone si allontana di nuovo.

«Gli va sempre dietro» dice la moglie. «Forse gli è così affezionato perché prima facevano tante cose insieme. Io devo pur sempre badare ai bambini».

Arthur mette con cautela una zampa avanti per seguire l'uomo. Prima che lo sgridi di nuovo, decido di interrompere la dimostrazione.

Dopo aver illustrato alla coppia il mio modo di procedere e la forma di comunicazione che utilizzo, attacco Arthur a una lunga, un guinzaglio di pelle più lungo del normale, e lo porto in un punto qualsiasi della stanza. Poi, spostando leggermente il busto in avanti (non verso il basso! Altrimenti la prenderebbe come una minaccia), gli faccio capire che deve restare dov'è. Reagisce subito alla sollecitazione e mi guarda.

Mi allontano di un paio di metri e invito il giovanotto a uscire.

Arthur salta su, vorrebbe seguirlo.

«Ssst» lo ammonisco e faccio un affondo verso di lui. Arretra subito, poi abbassa la testa e si accuccia. Torno subito indietro perché ho capito che ha paura di essere picchiato.

Vedendo che non succede niente, mi guarda stupito.

Di colpo fa uno scarto laterale, sperando di raggiungere in questo modo il padrone.

«Sssst» gli faccio in tono molto deciso.

Questo basta per farlo desistere.

Allora appoggia lo scheletrico didietro sul pavimento e mi guarda con una disperazione che mi è già capitato di vedere in molti occhi canini: «Ma sei seria? Affidarti la mia vita e quella dei miei familiari? Sarai davvero in grado di proteggerci?»

Di fronte a questo sguardo interrogativo i profani credono che il cane non abbia capito.

«Oh, adesso non sa più cosa vogliamo da lui e ha paura, poverino!» questa è l'interpretazione più frequente.

E invece è esattamente il contrario: il fatto che il cane sia spaventato proprio perché *ha capito* che deve smettere di controllare i suoi familiari diventa chiaro soltanto quando cede la guida e non si assume più alcuna responsabilità.

Ma Arthur non è ancora arrivato a questo punto. Anzi, ora come ora, ha perso completamente il controllo. Ha le pupille dilatate, ansima pesantemente e cerca di sfogare sbadigliando la tensione che sente crescere dentro, perché non può più assolvere il suo ruolo di guardiano. Io lo chiamo 'sbadiglio-sconquasso', perché il cane non apre le fauci in modo rilassato e graduale, ma con una specie di sussulto brusco.

In genere i padroni restano senza parole quando vedono il loro cane perdere il controllo così. Ma la situazione appare un po' più comprensibile, se la si considera dal punto di vista dell'animale.

Immaginatevi questa scena: una sera suonano alla porta. Aprite e vi ritrovate davanti un cane pastore. Entra e si sdraia in salotto sul tappeto. Appeso al collo ha un cartello con la scritta: «A partire da oggi sarò io ad amministrare il vostro conto in banca. Mi dispiace, ma non potrete più accedervi».

Finora dei cani pastori pensavate che fossero l'ideale per fare la guardia a una casa o a una persona, perché sono fedeli, intelligenti e coraggiosi. Ma non li avevate mai messi in relazione con la gestione di un conto corrente.

Così mi immagino pressappoco la reazione di quei cani che non avevano mai pensato che gli uomini potessero fargli da guida, dal momento che non davano certo l'impressione di esserne capaci.

La maggior parte dei cani ci considera – noi esseri umani – i distributori automatici più comodi del mondo. Il funzionamento dei nostri tasti è banale. Per premerli, il cane può fissarci con sguardo implorante, darci una toccatina al braccio col muso, oppure guaire, abbaiare o fare un'infinità di altre cose. Allora siamo pronti a erogare attenzione, regali e/o cibo.

Molte persone perseverano eroicamente nella loro convinzione di essere una guida per il proprio cane solo perché sono loro a nutrirlo, pagare le spese del veterinario e portarlo a spasso, anche se, in realtà, il cane va e viene quando vuole e fa (o non fa) quello che gli pare.

Inoltre si continua a credere che, per guidare un cane, basti dire 'seduto, a cuccia, fermo'. Ma i cani, quando nascono, non mettono in conto che qualcuno, prima o poi, gli ordinerà di pigiare il didietro sul pavimento solo per il piacere di restare lì.

Immaginatevi un attimo questa scena: il capobranco ferma una decina di esemplari, perché un pericolo li minaccia. Di colpo, tutti si siedono accanto a lui come un sol uomo.

E noi, solo perché non sappiamo tener fermo un cane al suo posto senza parlare, ricorriamo a metodi che, ai suoi occhi, devono sembrare alquanto buffi e – nei casi in cui si preveda una ricompensa – anche divertenti. Tuttavia falliscono regolarmente, quando il cane è troppo irritato per poter (o voler) eseguire i nostri trucchetti.

*

Anche per Arthur è una questione di fiducia cambiare opinione sugli esseri umani, solo perché all'improvviso è spuntata fuori una persona che si comporta in modo diverso. La capacità invidiabile dei cani di cambiare idea su di noi dall'oggi al domani (addirittura sul proprio padrone!) dipende dal fatto che interagiscono ogni giorno con il nostro vero io, senza lasciarsi sfuggire nessuna novità, anzi prendendo ogni cambiamento molto sul serio. (Al contrario, noi esseri umani possiamo vivere per anni con una persona senza renderci conto che non è più la stessa.)

Man mano che verifica il mio comportamento e le mie capacità, Arthur sembra sempre più tranquillo. Ogni volta che abbandona il suo posto, mi dà la possibilità di presentarmi:

«Caro Arthur, si può? Vorrei che rimanessi dove sei. Non ti azzardare a fare un passo, sai? Se lo fai, ti sgriderò. E se decidi di allontanarti lo stesso, nonostante ti abbia avvertito, interverrò proprio come fanno i cani. Ti darò un colpettino con due dita, oppure ti sbarrerò la strada col mio corpo, facendoti tornare subito al tuo posto. E lo farò molto tranquillamente, senza scatti aggressivi, ma con fermezza. So quello che faccio e ti dimostro che ne sono in grado. E mi comporterò nello stesso modo anche in quelle situazioni in cui dovrò salvare la mia pelle e la tua».

Arthur si è sdraiato. Non ansima più e ha smesso anche di sbadigliare. I padroni sono usciti dalla stanza e lui ha deciso di cedere a me il compito di proteggerli.

«Potete rientrare» li chiamo.

Chiedo al giovanotto di eseguire lo stesso esercizio al mio posto, sostituendomi nel ruolo di capobranco.

Si piazza davanti ad Arthur e, quando il cane fa per allontanarsi dal suo posto, lo ammonisce con uno 'shhh!' molto aggressivo.

Arthur sobbalza e china la testa.

«Quando dice 'shhh' non deve scomporsi. Arthur è molto sensibile e insicuro. Nei suoi confronti deve avere fiducia, non paura».

Il volto finora impassibile del giovanotto si fa di colpo scarlatto.

«In questi ultimi mesi mi è capitato spesso di perdere le staffe, perché ce l'avevo con lui».

«Non deve perdere le staffe» gli spiego sorridendo, «bensì convincerlo che ha tutte le capacità per assumersi il ruolo di guida».

Il giovane guarda turbato il cane e mormora in tono quasi infantile: «Ma è proprio quel che sognavo di fare quando ho portato Arthur a casa nostra. Intendermi con lui tranquillamente e solo a gesti».

«Allora significa che lei ha un buon intuito per quello di cui ha bisogno un cane» replico.

Il padrone è davvero scosso, ha le lacrime agli occhi.

«Mi sa che qui c'è stato un terribile fraintendimento. Lei accusa Arthur di volervi esasperare facendo pipì dappertutto. Io invece ho l'impressione che sia molto teso e cerchi di scaricare lo stress comportandosi in questo modo. Finora Arthur ha sempre cercato di difendervi e controllarvi, è più che evidente» dico, guardando prima lui e poi sua moglie. «Il problema è che è un cane molto dolce e insicuro, non sarebbe mai in grado di assumersi la guida del branco. Figuriamoci valutare correttamente le cose che accadono nel mondo degli umani! In linea di principio, difendere una persona per lui è già una fonte di stress. Se poi ne spunta fuori anche un'altra, la tensione raggiunge una soglia talmente elevata da costringerlo a sfogarsi mediante un'azione che gli psicologi chiamerebbero 'di trasferimento'. Provate a farvi carico voi del suo ruolo, forse Arthur non si sentirà più così stressato e smetterà di urinare dappertutto. O almeno lo spero».

I due mi guardano increduli.

«E il motivo delle pisciate sarebbe questo?» chiede il giovanotto allibito.

«Credo proprio di sì» replico.

«Okay». Si gratta la testa perplesso.

«Allora non lo faceva apposta?» domanda sottovoce.

«No, si trovava semplicemente in una situazione di emergenza. E immagino che sia così magro proprio perché non riesce a mangiare abbastanza per compensare tutte le energie che brucia per la tensione».

Silenzio.

«Dovete anche sbrigarvi a riprendere le vostre passeggiate. Oltre al peso della responsabilità, Arthur è sottoposto a una grave tensione fisica perché non fa abbastanza moto. Quel che vi suggerisco è ricominciare con lui da capo a partire da oggi. Ma, dal momento che pretendete dal cane un cambiamento, anche voi dovete assicurarglielo. Se non rivedrete il vostro atteggiamento, Arthur non ce la farà mai».

Il giovanotto fa un passo avanti, tendendomi di sua iniziativa la mano. Ha accettato la scommessa.

Ci incontriamo tre settimane dopo al parco di Friedrichshain. Per poter andare in giro con Arthur è indispensabile che, quando è al guinzaglio, eviti di tirare con tutta la forza dei suoi quarantacinque chili e che, una volta libero, risponda subito ai richiami.

Anche oggi piove e fa freddo. Non certo il tempo ideale per un ridgeback a pelo corto, sensibilissimo alla pioggia. Conosco molti esemplari di questa razza che, con un tempaccio del genere, non si azzarderebbero nemmeno a uscire.

Arthur invece salta giù entusiasta dalla macchina e si esibisce nella sua danza da capretto, divertendosi come un matto. Addenta i ramoscelli sparsi qua e là, tuffa il muso nel fogliame ed esegue un paio di giri di corsa, slanciando in avanti le zampe anteriori come un cavallo da circo.

Io e Anja siamo senza parole: Arthur non è più scheletrico, bensì magro e muscoloso. «È in forma e sta proprio bene» esclamo stupita.

«Sì, da quando ci alleniamo si è improvvisamente irrobustito» replica il padrone.

«E come va con la pipì?» chiedo, affrontando la questione cruciale.

«Zero» risponde. «In effetti, da quando stiamo attenti che non ci venga sempre dietro, non l'ha più fatta né a casa, né in macchina. Qualcosa deve essere successo, anche se non ho ancora capito bene quando».

Adesso il giovanotto ha un atteggiamento disponibile e amichevole, in lui non c'è più traccia di irritazione o aggressività. A dire la verità, anch'io sono sorpresa di come sia cambiato tutto alla svelta, ma molto dipende anche da lui, che ha un talento naturale e ci mette pochissimo a imparare come si guida un cane.

Come prima cosa Arthur deve poter sfogare la tensione fisica. Per questo lo lego a una lunga. Mentre corro con lui, gli getto dei croccantini di forma sferica, facendoli rotolare lungo la strada. Arthur si mette a rincorrerli, trascinandosi dietro la lunga e divertendosi un mondo. In questo caso, non si tratta né di una ricompensa, né di uno stimolo; voglio semplicemente mostrare al suo padrone un modo di nutrire il cane senz'altro più consono alla sua specie. Anch'io do i croccantini ai miei cani mentre passeggiamo per il bosco. Li tiro nei cespugli, nell'erba alta, oppure li lascio rotolare lungo il sentiero. Per il cane è molto più eccitante mettersi alla loro ricerca piuttosto che fare quattro salti e vuotare la ciotola. Quest'operazione dura infatti solo pochi secondi, dopodiché al cane non resta che la noia.

Arthur insegue entusiasta i croccantini. Ma ecco che arriva un cane. Arthur vorrebbe precipitarsi subito verso di lui. Allora mostro al giovanotto come trattenerlo per tutto il tempo che vuole, quando non è il caso che si metta a correre.

Chiamo Arthur per nome. Lui gira la testa. Allora gli faccio: «Shhh».

Il cane si blocca e, dopo aver controllato la distanza tra noi, cerca di tagliare la corda, perché giustamente ritiene che un bipede come me debba essere per forza più lento. Allora metto un piede sulla lunga. Arthur mi guarda sorpreso, perché non riesce a capire che rapporto ci sia tra il guinzaglio e me, visto che me ne sto lì tranquilla e non lo tocco nemmeno. Prova ancora a correre verso l'altro cane. Rimetto il piede sulla lunga e faccio: «Shhh».

Allora Arthur si blocca perché ha capito la lezione: non appena un essere umano dice: «Alt», è come se lo trattenesse una mano invisibile. (Mi raccomando, per fermare il cane non prendete mai in mano la lunga. Qualsiasi cane è abbastanza intelligente per capire che c'è un rapporto tra il guinzaglio e l'improvvisa limitazione della sua libertà di movimento. Perciò, non appena lo avrete sciolto, pretenderà di andare dove vuole. E invece deve avere l'impressione di essere costretto a bloccarsi nell'istante esatto in cui glielo ordinate.)

Lo raggiungo e gli dico «okay» per spiegargli che può riprendere a correre. Ovviamente vorrebbe slanciarsi in avanti.

«Shhh!»

Mi volto velocissima verso di lui e gli do un colpetto con l'anca, per impedirgli di sorpassarmi di nuovo. Allora Arthur mi aggira e cerca di superarmi dall'altra parte. Ripeto l'operazione: «Shhh», giravolta rapida, colpetto, e poi via.

Arthur resta dietro. Adesso non solo ha capito che deve seguirmi, ma pure che faccio sul serio.

«Voglio provarci anch'io» dice il giovane. La possibilità gli si presenta da lì a breve, quando spunta un altro cane che sta venendo verso di noi (non si tratta tanto di tenere Arthur alla larga dai suoi simili, quanto di essere in grado di farlo obbedire anche quando non ha occhi che per loro).

Il suo padrone ha un buon senso del ritmo. Nello stesso esatto secondo in cui Arthur scorge il cane, lo ammonisce: «Shhh». In questo caso l'avvertimento significa due cose: primo, l'ho visto anch'io (un'informazione importantissima soprattutto per i cani paurosi e insicuri, e che i padroni si dimenticano quasi sempre di dare) e, secondo, ci penso io.

Dopo l'esperienza fatta con me, Arthur preferisce rimanere insieme a noi e si limita a tenere d'occhio il cane da lontano. Ma quando gli passiamo davanti, cerca improvvisamente di eludere da dietro la nostra sorveglianza. Velocissimo, il giovanotto mette il piede sulla lunga e lo ammonisce: «Shhh!» (Se il cane è così grosso potete anche usare entrambi i piedi.) Poi rincorre il cane e gli dà un colpetto con due dita.

Arthur resta impressionato. Il suo bipede, una volta così lento, come per miracolo ora agisce fulmineamente. Sarà il caso di fidarsi, visto che sembra padroneggiare perfettamente le situazioni.

Quando lo portiamo a passeggio la volta seguente, Arthur obbedisce subito, non appena sente il segnale 'stop'.

Per concludere l'ora di lezione, voglio mostrare al giovanotto come portare in giro Arthur a guinzaglio lasco.

«Ma ci restano solo dieci minuti e questo è il problema più grosso che abbiamo!» esclama, guardando disperato l'orologio.

«Non ci metteremo molto» ribatto in tono ilare. «Basta metterci la stessa energia di prima e vedrà che Arthur si comporterà allo stesso modo».

Prendo il guinzaglio corto (non più di un metro e mezzo), aggancio il moschettone al collare di Arthur e, dopo aver assicurato l'altro capo alla mia cintura (per non dare l'impressione di essere io a tirare), comincio a camminare. Arthur vorrebbe allegramente superarmi. Lo fermo con uno 'Shhh', mi volto verso di lui solo il tempo necessario per farlo indietreggiare e poi proseguo. Ma il cane prova ancora a mettere il naso in avanti. Allora sussurro pianissimo: «Sssssssst» e lui capisce che lo spazio davanti a me è tabù. Da questo momento in poi si limita a seguirmi. Alle mie spalle può utilizzare tutto il raggio d'ampiezza del guinzaglio e, anche se balza improvvisamente da destra a sinistra e viceversa, non mi dà fastidio perché tanto stando avanti non posso cadergli addosso. L'unica cosa è che il guinzaglio deve rimanere allentato, perché non voglio che il cane mi traini. Non è affatto necessario impartire al cane un compito da eseguire in continuazione, come ad esempio «Al piede, al piede!» Se passeggiassi con voi non pretenderei certo che vi concentraste tutto il tempo su un determinato esercizio, tipo fissarmi in fronte. Mostrare al cane semplicemente dove NON deve andare, secondo me, è molto più facile e veloce da imparare e da eseguire.

Mi giro e cedo il guinzaglio al giovanotto perché provi lui. Noto che è pallidissimo. Mi dice sbalordito: «Ma come, è così facile? Un miracolo!»

Ripete alla perfezione quello che ha visto. Dopo il secondo stop, Arthur smette di buttarsi in avanti e i due procedono ad andatura sciolta, con il guinzaglio allentato.

Una decina di minuti dopo, vedendo che la situazione non cambia, il giovane si blocca, mi guarda stupito e ripete: «E dire che è così facile. Un miracolo!»

Scoppio a ridere. «Ormai ha capito la cosa più importante su come condurre un cane. E cioè che non ci sono ragionamenti complicati, tutto funziona attraverso l'istinto. Ma a noi esseri umani le cose semplici sembrano sempre un miracolo».

Arthur è tornato a vivere in casa con i suoi familiari. Il giovanotto mi chiama due mesi dopo: «Le sono molto riconoscente. La rabbia che provavo verso il cane aveva finito per farmi ammalare. Adesso non è soltanto Arthur a star meglio, anch'io mi sento di nuovo libero di essere quello che sono. Tranquillo e silenzioso».

Anna e il lupo cattivo

Il lupo cattivo arriva senza preavviso.

Sbuca da dietro l'angolo e si getta su Anna che sta giocando in strada con un frisbee.

Abbaia con aria minacciosa.

La bambina non sa che i lupi non abbaiano e che, per di più, non sono cattivi. Mette in salvo il frisbee e scappa via.

Ma il lupo cattivo la insegue.

Anna grida.

Nessuno la sente.

Anna si sente raggelare dal terrore. Corre come se fosse questione di vita o di morte.

Solo quando perde il frisbee, il cane smette di correrle dietro.

Anna si rifugia dietro la siepe di casa sua e aspetta che le passi la paura. Ma la paura non passa. D'ora in poi tutti i cani sono lupi cattivi. La bambina ha perso la sua spensieratezza e la sua fiducia. Si avventura in strada solo se la mamma è con lei.

La stessa scena dal punto di vista del lupo cattivo.

Sono un giovane cane pastore, vispo e sveglio. Ma i miei padroni mi trascurano.

Sono qui che mi annoio, sdraiato sullo zerbino di casa. All'improvviso un rumore interessantissimo. Qualcosa che vibra nell'aria. E si sposta molto velocemente. Ma è meraviglioso, adoro le cose veloci! Zac, corro subito dietro l'angolo!

Proprio come sospettavo. Un coso rotondo vola traballando in aria, poi precipita, cade a terra e rotola per un po'. È come se mi dessero il via. Scatto subito di corsa.

Ma una bambina minuscola mi porta via quel coso favoloso da sotto il naso.

«Wuuhwuuuuwuuuu!» brontolo indignato. Col mio padrone funziona subito. Io brontolo e lui mi getta le cose.

La bambina invece stringe il bottino ancora più forte e scappa via.

Questo è contro le regole del gioco. Devo dirglielo, subito!

«Wuhuwuuuu!» Le corro dietro, cercando di acchiappare il coso rotondo.

E infatti dopo un po' la bambina lo lascia cadere. Boing, boing, per terra! Fantastico!

Chissà perché, la bimba va a nascondersi dietro una siepe.

E si mette a strillare.

E adesso chi mi getta il coso rotondo?

Vado a fare visita alla piccola Anna (sei anni), nel quartiere dove abita. In macchina ho tre lupi cattivi che dovrò trasformare in cani perbene.

Le ho mandato per e-mail le foto e un video di Tinka, Viktor e Frieda, perché non le sembrino così estranei.

Anna mi fa ciao con la mano da dietro la siepe di casa. Riccioli d'oro, grandi occhi verde acqua e un'espressione vigile in volto. Sembra tanto impaurita quanto felice. Guarda i lupi cattivi dal finestrino.

«Qual è il più simpatico, secondo te?»

Con un gesto timido indica la piccola Tinka.

Lascio i cani in macchina e vado in giardino da sola. La mamma di Anna ci ha preparato il tè, intanto la bambina mi racconta la sua disavventura. Le esprimo tutta la mia comprensione per la sua paura e le dico che spero che riesca presto a liberarsene.

«Guarda un po'. Ti ho portato anche qualcos'altro» le annuncio, frugando nella borsa.

Spalanca gli occhi per la curiosità.

Vedendo spuntare dalla borsa un mucchietto di velluto marrone, resta stupita. Lo infilo sulla mano destra. Pian piano dal mucchietto emerge una piccola talpa. Con tre dita le do vita:

«Ciao, mi chiamo Ludwig» esclama la talpa.

Anna scoppia a ridere.

«Ehi, ma dove sono finito? E tu chi sei?» domanda Ludwig alla piccola Anna.

«Mi chiamo Anna» risponde prontamente la bambina.

«Aha! Sei tu? Ho sentito dire che hai paura dei cani. È vero?»

Anna fa segno di sì, seria.

«Allora sono proprio quello che ti ci vuole. Lo sai che sono un domatore di cani?» chiede Ludwig.

«Ah» esclama Anna.

Ludwig annuisce energicamente con la testa e sventola la zampina.

«Per esempio, potrei convincere la piccola Tinka a fare la cuccia, così, alzando semplicemente una zampetta».

Anna è incuriosita, ma non riesce a decidersi. Soppesa i pro e i contro.

«Posso anche farlo tenendola al guinzaglio» propongo.

«Ah, allora sì! Dai, fammelo vedere!» esclama Anna.

Allora vado a prendere in macchina Tinka e la accompagno in giardino dietro di me. Questa scena normalissima sembra già tranquillizzare la bambina. Mi fermo a un paio di metri di distanza da lei.

Alzo solennemente la mano con Ludwig sopra e gli faccio tirar su una zampetta. Tinka appoggia subito a terra il suo minuscolo didietro. Anna scoppia a ridere e batte le mani.

«E ora voglio un bacino» ordina Ludwig, portando il suo musetto di talpa all'altezza di Tinka che, entusiasta, gli dà una leccata.

Anna strilla esilarata.

«Vorresti prenderlo tu?» le chiedo, indicando Ludwig.

La bambina non ci sta a pensare neanche un secondo. In un battibaleno lo scambio è fatto.

«A cuccia!» ordina Ludwig e tira su una zampina.

Peng! Tinka si mette subito a sedere.

Anna è estasiata.

«Bacino!» esclama entusiasta, alzando la mano con Ludwig. E Tinka non se lo lascia ripetere due volte. Il primo passo è fatto.

Il ruolo di Ludwig è fondamentale, perché si fa carico di ciò di cui Anna ha paura. E Anna, a sua volta, si fa carico di Ludwig. E così uno dei lupi cattivi si è già trasformato in un cane affettuoso.

«Ho un'altra idea. Lo sai che quel cane nero che aspetta in macchina è un detective eccezionale? Ha un fiuto incredibile, perché non ci vede e non ci sente e per trovare qualcosa deve usare per forza il naso. Anche se nascondi in giardino una decina e mezzo di dolcetti, lui te li ritrova tutti. Scommettiamo?»

Anna spalanca la bocca, incredula.

Conto i dolcetti e Anna tende la mano. Soprattutto il mezzo dolcetto è importantissimo, perché aumenta ulteriormente la suspence. Anna nasconde i dolcetti sul prato e io porto Viktor in giardino. Se si tratta di scovare i dolcetti, posso fidarmi ciecamente di lui, nulla sfugge alle sue ispezioni. Gli faccio dolcemente pat-pat sulla testa per ordinargli 'Cerca!', perché ormai non posso più comunicare con lui a voce. Allora respira profondamente col naso e si mette a fiutare.

Col fiato sospeso, Anna osserva cosa succede. Ma anche Tinka, che si chiede quale sarà il suo prossimo compito.

Zac! Viktor ha trovato il primo dolcetto e se lo mangia soddisfatto. Dopodiché riparte immediatamente, accelerando il ritmo. Su quel prato delle meraviglie potrebbero sempre sbucar fuori altri cani o cornacchie e portargli via tutti i dolcetti. Poco dopo ne ha già scovati otto.

«Forza, Viktor! Dai che ce la fai!» lo incoraggia Anna. In fondo, è stata lei a nascondere i dolcetti e si sente già nella stessa 'squadra' del cane. «Dieci!» esclama entusiasta.

Adesso gli occhi di tutti sono puntati su Viktor. Tratteniamo il respiro, in attesa di vedere se troverà anche il mezzo dolcetto (ovviamente, nessuno ha controllato se è proprio quello che manca, per Viktor si tratta semplicemente dell'undicesimo).

Tenendo le gambe rigide, come temendo un'improvvisa pendenza nel terreno, Viktor va diritto come un fulmine verso l'ultimo dolcetto. Slurp! Ce l'ha fatta.

«Hurrah!» esclama Anna e corre dietro al mio vecchio cane che non demorde e continua a cercare, perché è l'unico a non conoscere il numero esatto dei dolcetti. Ora la bambina lo accarezza. Evidentemente anche il secondo lupo cattivo è tornato a essere un cane.

Adesso è arrivato il turno di Frieda.

«Lo sai che potrei insegnarti un paio di giochi di prestigio da fare con la cagnolona grossa? Ti fideresti?» le domando in tono volutamente scettico. In generale lo scetticismo altrui spinge le persone coraggiose all'azione. Anna si concede solo un attimo di esitazione: «Quella grossissima?» chiede, fissando l'auto.

«Ti fa paura solo perché è grossa?» domando.

La bambina annuisce.

«Tuo papà è più grosso della tua mamma?» mi informo.

«Sì, mooolto più grosso» e Anna indica con le mani un bel po' più in alto della sua testa.

«E il papà ti fa paura, solo perché è grosso?»

Anna scuote la testa, sdegnata al solo pensiero

«Vedi, anche Frieda è grossa, ma è anche buona, proprio come il tuo papà» le spiego.

A questa rivelazione Anna sgrana gli occhi.

«D'accordo, allora falla venire in giardino, così la guardo da lontano». La bambina sta facendo marcia indietro.

Frieda scodinzola con aria circospetta, perché non ha ancora capito che cosa la attenda. A differenza di Tinka e Viktor, sempre pronti ad adattarsi alle situazioni nuove, all'inizio è sempre un po' timida e diffidente.

Ma solo fintantoché non le si dà un compito.

La faccio sdraiare sul fianco e agitare le zampe in aria. Un passatempo divertente per farle capire che non c'è niente da temere. E infatti Frieda sembra già molto più sicura.

Poi comincio a spargere dolcetti per terra, proprio davanti a lei, e borbottando sottovoce le faccio capire che sono tabù. Frieda guarda in su. Allora dico «okay» e lei si butta con entusiasmo sui dolcetti.

«Caspita! Voglio provarci anch'io» esclama Anna. Le insegno a dire 'shhh' e 'okay' al momento giusto e lei impara subito.

«Posso portare Frieda al guinzaglio?» chiede, alzando la posta in gioco.

Mmm, la ragazzina ha fegato, constato tra me e me.

Anna agguanta il guinzaglio e Frieda la segue con la consueta dolcezza. Le accompagno per far sentire la bambina più sicura. Ma a un certo punto si blocca, agita la manina e dichiara in tono molto risoluto: «Basta, voglio fare il giro della casa da sola con Frieda. Senza di voi». Detto ciò, guarda severamente me e la madre e sparisce col mio cane.

«Sua figlia è proprio coraggiosa» osservo.

«È vero, sa esattamente ciò che vuole» conferma la madre.

Dopo qualche istante Anna rispunta da dietro l'angolo. Si ferma. Dice: «A cuccia». Ci lancia un'occhiata furtiva per accertarsi di essere osservata e si accovaccia accanto a Frieda per carezzarla. Vuole dimostrarci com'è brava. Così facendo però finisce per tirare in ballo Tinka. La mia cagna non riesce proprio ad accettare che qualcun altro venga carezzato e lei no. Agitando quel mozzicone di coda che si ritrova, si precipita a elemosinare la sua dose di coccole.

«Guarda, anche Tinka vuole essere carezzata» dice la madre ad Anna.

«Allora tutti e tre» ribatte la bambina. «Altrimenti sarebbe un'ingiustizia».

Metto il guinzaglio a Viktor – che non si dà pace e sta ancora cercando dolcetti – e cedo ad Anna i tre guinzagli. Facciamo una foto per papà che non tornerà a casa dal lavoro prima di sera. Una bambina molto orgogliosa con tre cani al guinzaglio. Sono felicissima per lei.

«Possiamo andare in strada?» domanda Anna, superando ancora una volta le nostre aspettative. «Mi piacerebbe tanto portare Frieda al guinzaglio» afferma in tono risoluto.

Andiamo a spasso per il quartiere e intanto Anna aguzza la vista alla ricerca di eventuali spettatori. Una vicina ci fa questo favore e si affaccia un trecento metri più in là dalla porta del giardino.

«Posso portare Frieda a fare jogging con me?» chiede, tenendo d'occhio la signora.

«Come no» rispondo, pensando a una corsetta infantile. E invece Anna fa jogging proprio come una persona adulta. A passi lenti e cadenzati, con uno stile invidiabile. Tap, tap, tap, tap. Sfila leggera e disinvolta lungo la via, con Frieda che le trotterella al fianco con altrettanta eleganza, passa davanti alla vicina e poi torna indietro. Non avevo mai visto un bambino fare jogging. Resto davvero colpita.

Anna è raggiante. Lo sono anch'io.

Una visita che mi ha lasciato un ricordo duraturo e un senso di calore dentro. Condividere il ritorno alla spensieratezza e ai doni dell'infanzia è qualcosa di meraviglioso.

Ci incontriamo due settimane dopo al parco di Friedrichshain, per provare a fare una passeggiata in mezzo ai tanti cani che corrono liberi. Nel frattempo ho dato ad Anna un compito a casa: accarezzare dieci cani sconosciuti, oppure dar loro un dolcetto, ovviamente dopo che sua madre ha parlato col padrone e a patto che al cane piacciano i bambini.

«Ne ho accarezzati dieci, uno era più grosso di me, vale doppio» esclama Anna orgogliosa.

«Eravamo per strada con una sua amichetta» racconta la madre. «A un certo punto sbuca fuori un ridgeback alto così». E porta la mano all'altezza della spalla della bambina. «L'amichetta di Anna si è talmente spaventata che voleva cambiare marciapiede. Allora Anna le ha detto: 'Non devi avere paura, è solo un cane grosso. Secondo me non può essere anche cattivo'».

Scoppio a ridere e mi congratulo con Anna.

«Non lo dica troppo forte» mi avverte la madre. «Le ho fatto un sacco di complimenti, ripetendole quant'era stata brava e coraggiosa. Allora mi ha guardata un po' come sovrappensiero e mi ha detto: "Dai, mamma, non esagerare, in fondo è solo un cane'».

Visite a domicilio da me stessa

Viktor il vincitore

Nell'estate del 2002 vado a far visita a un canile, alla ricerca di un nuovo compagno a quattro zampe.

Forse nella vostra vita vi è capitato di sperimentare il famoso amore a prima vista. A me è successo allora, con una femmina di cane pastore, otto anni, pelo bianco. Mi aveva accolto scodinzolando e con i suoi occhi neri aveva cercato di ipnotizzarmi. Quando mi dissero che una famiglia l'aveva adottata esattamente un'ora prima, stavo per andarmene sconsolata. Nessun'altra creatura può averla vinta con l'amore a prima vista. O, almeno, non quella stessa volta.

«Ma che tipo di cane sta cercando, scusi?» Alle mie spalle risuona la voce di una delle collaboratrici del canile, con un forte accento berlinese.

«Un cane non più giovanissimo che abbia voglia di fare lunghe passeggiate» rispondo delusa.

Mi osserva in modo strano, poi dice: «Be', un cane non più giovanissimo ce l'avremmo, ma che abbia proprio tutta questa voglia di andare a spasso... Per non parlare del resto, poi... No, non credo proprio che sia quello che sta cercando». Fa un gesto come per dire 'lasciamo perdere' e si allontana. Credo che sia proprio quel gesto a destare il mio interesse.

Raggiunta la gabbia giusta, la donna mi indica una specie di grotta, una scatola ricoperta di felpa marrone. «Psss, psss, psss» bisbiglia per attirare il cane. «Niente da fare, non verrà mai fuori. Poverino, ha troppa paura delle persone. Mi dispiace, non avrei dovuto neanche parlargliene. Faccia un salto la settimana prossima, di cani ce ne portano in continuazione, anche vecchi».

Ma io non riesco a staccare lo sguardo dalla grotta oscura.

«Posso entrare?»

«Oddio!» esclama, levando le mani al cielo. «Lei non ha sentito che versi fa quel cane, quando qualcuno gli si avvicina troppo!»

«Ma che cosa gli è successo?»

Proprio in quell'istante dalla grotta di felpa fa capolino una testa nera. Un paio di occhi marrone chiaro mi guardano sbarrati.

«Dai, vieni fuori» gli dico sottovoce, accovacciandomi. «Come si chiama?»

«La padrona di prima lo chiamava Pascià» risponde la donna, scuotendo la testa.

Il cane striscia lentamente fuori dalla scatola. Lo spettacolo che si para davanti ai miei occhi mi lascia senza parole. È gonfio come una salsiccia e il suo modo di strisciare è goffo e sembra estremamente faticoso. Scodinzola freneticamente, ma non si capisce se per esprimere eccitazione, tensione fisica o semplice rilassamento.

«Dio mio, ma ha paura» dico, commentando quel modo di spostarsi.

«No, la paura non c'entra niente. È che non riesce a camminare. Non ha abbastanza muscoli» dice la donna nel suo dialetto berlinese, appoggiandosi alla pala con cui ha appena finito di rimuovere dalla gabbia gli escrementi. «Dieci anni ha passato quel povero piccino sul balcone di un condominio, a Marzahn».

«Come, sul balcone tutto il tempo? Anche di notte e in inverno?» Adesso anch'io sbarro gli occhi, esattamente come il cane che, nel frattempo, è quasi riuscito a raggiungerci.

«Sissignora! Tutto il tempo! Roba da non credere. Una demente sulla sedia a rotelle l'ha preso quand'era un cucciolo. Dopo due settimane si è accorta che non riusciva a stargli dietro e, invece di portarlo da noi, l'ha cacciato fuori sul balcone! Se l'è bell'e dimenticato e si è rifatta con i gatti. Quaranta ne hanno trovati quelli della protezione animali, quando sono entrati nell'appartamento. Nel monolocale di un condominio». La donna batte l'indice sulla tempia. «Che razza di idee saltano in testa alla gente!»

Intanto il cane ce l'ha fatta a raggiungere le sbarre e ansima faticosamente. Infilo con cautela la mano nella gabbia per fargliela annusare, ma quando si accorge del mio movimento, il cane si mette a strisciare indietro, in direzione della 'grotta'.

«Ma perché è così spaventosamente grasso?» chiedo.

«Be', quando è arrivato qui, stava praticamente morendo di fame, era uno scheletro. A noi faceva piacere se almeno qualcosa lo rendeva felice, cioè mangiare. Visto che non riesce a camminare, è chiaro che in un anno ne ha messo su, di peso. Ma, mi dica un po' lei, un cane che ha già dieci anni, traumatizzato ben bene, mezzo paralitico, impossibile da affidare – vuole pure togliergli l'ultima gioia che gli resta per spedirlo magro nella tomba?»

E non aggiunge, ma so che lo pensa: 'E poi, con tutti gli animali che ci ritroviamo qua, non abbiamo tempo per occuparci di un caso in particolare. Altrimenti gli altri ne soffrirebbero'.

«Il cane è affidato. Lo prendo io» mi sento dire all'improvviso, rivolgendo alla donna uno sguardo tanto sbalordito quanto il suo.

«Sul serio? E che vuole farsene?» domanda con aria scettica.

«Di traumi me ne intendo e comunque lo voglio prendere» dichiaro, sempre più sicura.

La donna si gratta la testa perplessa. «Be', in effetti a lei si è avvicinato. Non l'aveva mai fatto. Forse è la volta giusta».

Proprio così. Dopo un lungo colloquio con la direzione del canile mi affidano il cane, raccomandandomi di farmi viva entro tre giorni, per dichiarare se voglio tenerlo davvero.

E così, innamorata di una femmina di cane pastore, vispa e bianca come la neve, mi ritrovo con una specie di enorme salsiccia nera che si mette a ululare disperatamente non appena la tirano fuori dalla gabbia. Durante il trasporto il cane sembra più tranquillo – fin troppo, secondo me. Nasconde lo sguardo dietro un muro invisibile, come se fosse affetto da autismo, e si sforza di respirare nel modo più silenzioso possibile.

Arrivata a casa, depongo il cane sul tappeto del salotto. Finalmente, a contatto con il tessuto e percependo il silenzio che regna nell'appartamento, comincia a rotolarsi con trasporto sempre maggiore, rigirando beatamente la testa di qua e di là. Poi, di colpo, mi guarda sogghignando. Mi viene da pensare che sia impazzito, non è possibile che sia cambiato così radicalmente. Resto in attesa, eppure il cane continua a rotolarsi nel tappeto e a guardarmi sempre più estasiato. Non so nemmeno io cosa trovare più inquietante, se il suo comportamento di prima o quello di adesso.

Mi siedo vicino a lui sul pavimento e faccio rotolare nella sua direzione una pallina di stoffa colorata. Fissa meravigliato quella cosa che rotola finché non si ferma contro il suo naso. Mi lancia un'occhiata strabica e perplessa. Allora capisco che non ha la più pallida idea di che cosa sia una palla e per quali meravigliosi scopi la si possa utilizzare.

Obbedendo a un impulso o, forse, semplicemente perché mi sento imbarazzata di fronte a questo essere estraneo, mi metto a lanciare in aria la pallina e a riprenderla al volo gridando. Poi la lascio cadere, aspetto che rotoli un po', dopodiché ci piombo sopra come un uccello rapace, esprimendo in modo molto ostentato il mio entusiasmo e il mio interesse per il bottino. Poi gli faccio rotolare davanti la pallina, come per caso. Lui la acchiappa con la zampa, ci appoggia sopra la testa neanche fosse un cuscino e mi guarda esilarato.

In questo esatto secondo so che nome dargli. Viktor, il vincitore.

Il carrettino-rimorchio della mia bicicletta diventa un valido sostituto per le zampe di Viktor. Me lo porto sempre dietro. Quando la gente si avvicina troppo, Viktor si rimette a ululare, tuttavia ho scoperto l'esistenza di un ottimo alleato contro la paura: l'appetito.

Il mio piano è di fargli prendere coraggio e spingerlo a sperimentare di tutto. Deve abituarsi innanzitutto alle nuove impressioni e solo in un secondo momento dovrà dimagrire. Ora come ora, i dolcetti sono l'aiuto ideale a cui ricorrere. Siccome conosco nel quartiere molta gente, chiedo a tutti di lasciar cadere una caramella nel carretto di Viktor, quando ci vedono per strada, e di allontanarsi senza prestargli attenzione. Una volta incontriamo addirittura una signora che, di fronte alla nostra 'sedia a rotelle per cani', esclama: «È lui quello cui bisogna dare un dolcetto?» Anche lei viene subito accolta nel club degli assistenti terapeutici.

Faccio un salto senza Viktor nel quartiere di Marzahn per scoprire qualcosa in più sulla sua storia.

Un'anziana signora che abita nello stesso condominio è entusiasta all'idea di potermi raccontare tutto quel che sa: «Guaiva in continuazione, una cosa esasperante. Poi, come se non bastasse, i volontari che andavano a far visita alla padrona malata buttavano sempre giù col piede le cacche dal balcone. Proprio qui» e, tuttora indignata, mi mostra il marciapiede davanti all'ingresso.

«Ovviamente, non le dico la puzza sulle scale per via dei gatti. Una cosa rivoltante. Abbiamo presentato un esposto dietro l'altro... ma quella pazza non lasciava entrare nessuno e quelli del comune dicevano che non potevano mica buttare giù la porta. Insomma, dieci anni di guaiti e sporco. Siamo riusciti a fare piazza pulita solo quando sono arrivati i pompieri».

Nel frattempo, Viktor impara alla svelta che gli esseri umani possono riservare anche cose meravigliose: dolcetti, coccole, giochi. Smette di ululare e, quando ha il presentimento che tutte queste cose favolose siano in arrivo, inizia perfino a scodinzolare. Il problema è che non riesce ancora a camminare e per me resta un mistero come farà a dimagrire senza muoversi e a muoversi senza dimagrire.

È estate e di solito in questo periodo non faccio altro che nuotare come un pesce. Adesso invece me ne sto a casa all'asciutto, o seduta su un prato insieme a Viktor. Per un attimo mi torna in mente la femmina bianca di cane pastore con cui sarei potuta andare a nuotare al laghetto di Plötzen la sera dopo il lavoro.

Eccola la soluzione! (Se fossi una pellerossa, penserei che quella cagna mi sia apparsa solo per indicarmi la via.) Il nuoto è un ottimo esercizio per i muscoli e l'acqua terrà a galla Viktor. Quindi decido di portarlo con me a Plötzen.

Ovviamente, non vorrebbe entrare in quella gigantesca pozzanghera scintillante in cui la gente sparisce fino al collo neanche per tutto l'oro del mondo. Ha appena preso confidenza con prati, strade trafficate eccetera, e adesso lo attende un'ennesima sfida. Per convincerlo, chiedo a una signora se può dargli un'occhiata e mi metto a nuotare in prossimità della riva, emettendo grida di giubilo. Viktor prima uggiola impaurito, poi comincia a ululare e infine striscia eroicamente fino alla riva. Ma si capisce che per lui non è una decisione facile. Prima avanza un pochino, poi retrocede. Avanti, indietro, avanti, indietro...

Ma alla fine si decide e, patapunfete, cade con un tonfo nel laghetto che, in questo punto, non sarà profondo neanche un metro. All'inizio annaspa terrorizzato ma poi, vedendo che mi rivolgo a lui tranquillamente, si calma e scopre alla svelta com'è divertente dimenare le zampe non sulla superficie dell'acqua, ma sotto. Approfitto di quest'intuizione per nuotare insieme a lui per un paio di metri.

In quel periodo il laghetto di Plötzen diventa la nostra seconda patria. Il posto che frequentiamo è una spiaggia selvaggia per nudisti che da anni ospita sempre gli stessi pacifici bagnanti. Ormai Viktor ha preso confidenza a tal punto da andare a chiedere l'elemosina da loro, quando sente provenire da borse e sacchetti un fruscio promettente. Nel frattempo quasi tutti sono venuti a conoscenza della sua storia e si trattengono a malincuore dal dargli qualcosa.

Klaus il grasso è un pensionato energico e vitale, con una pancia piuttosto impressionante. Un bel giorno arriva con un sacchetto di carote e mi domanda se gliene può dare una. Viktor ama le carote ed è entusiasta. Gli altri bagnanti anche, perché d'ora in poi sanno come rispondere agli sguardi supplichevoli del cane. Adesso Viktor per ottenere i suoi pezzi di carota deve allungare il passo e fare movimento. Ogni tanto mi arrivano dialoghi del tipo: «Lei gliene ha già data una oggi, adesso tocca a me».

Durante le nostre lezioni di nuoto, Klaus il grasso si piazza spesso sulla riva e urla: «Forza, Viktor! Dai, ce la puoi fare!» E ha ragione. Nel giro di un paio di settimane Viktor smette di strisciare e inizia a camminare – insicuro, vacillante, ma evidentemente orgoglioso e impaziente a ogni nuovo movimento.

(Mi rendo conto che il seguito della storia può sembrare puro kitsch alla Hollywood. Però è stato talmente bello che lo racconto lo stesso.)

Per la prima volta tiro fuori Viktor dal carrello prima della curva che porta alla spiaggia dei nudisti per fargli fare l'ultimo pezzo di strada da solo. Non appena lo vedono arrivare, i distributori di carote cominciano ad applaudire per l'entusiasmo e Klaus scoppia addirittura in lacrime: «Ah, il piccolino...» E, con lo sguardo rivolto a me: «Ce l'abbiamo fatta, visto?» Non posso che dargli ragione.

L'anno seguente Viktor dimezza il suo peso e parte di corsa alla conquista del mondo. Impara ad acchiappare il frisbee, sembra una versione canina del portiere della nazionale di calcio. La vetrata che dà sulla terrazza di casa si trasforma nella sua porta. La difende strenuamente, quando gli lancio una pallina morbida. E ogni volta che la prende al volo, impara un trucco o un gioco nuovo, oppure fa breccia in un altro cuore, diventa un po' più sicuro di sé. Il cane ululante si è tramutato in un ammaliatore che sa come sfruttare le porte aperte dei negozi. La sua preferita è sicuramente la farmacia all'angolo. Se mi distraggo un attimo e lo perdo di vista, sento subito il campanello della porta (che si apre con la cellula fotoelettrica) e la voce estasiata della farmacista: «Viktor, sei tu?» Altri appuntamenti fissi sono Fiori 2000, un'agenzia di viaggi, un negozio di scarpe, l'edicola e tutti gli abitanti del quartiere che hanno fatto amicizia con lui.

Ma, ovviamente, restano da curare anche altre fobie. Non appena riprende a camminare, inizia aa approfittarsene per scappare ogni volta che sente sbattere lo sportello di una macchina. Dal momento che corre tenendo una zampa rigida, decido di sottoporlo a una radiografia. Nella zampa gli trovano un proiettile incapsulato. Nella sua mente deve dunque collegare questo tipo di rumori al dolore terribile che ha provato e, adesso che può correre di nuovo, ne approfitta per darsi logicamente alla fuga.

A tale proposito, non posso non ammettere che vivere con un cane con questi problemi talvolta significa sentirsi impotenti se non disperati, sperimentare ricadute e momenti di tristezza. Ci sono giornate buone e altre meno. Alle volte Viktor impara in fretta, altre più lentamente. Capita che resti fermo per mesi e mesi e poi progredisca di colpo. Con un cane affetto da fobie la cosa più difficile è sicuramente riuscire a mantenere la lucidità e non vedere l'origine scatenante della paura con i suoi occhi. Il cane non può decidere di non avere più paura. E noi possiamo guidarlo attraverso le sue paure soltanto se cerchiamo di tenercene fuori. Una simbiosi in questo caso sarebbe estremamente dannosa.

Secondo la mia esperienza, è importante far sentire bene il cane e, contemporaneamente, rimanere se stessi in quanto esseri umani. Viktor si fida di me solo se non mi dimentico mai di fargli capire: 'Guarda, non sono affatto spaventata, quindi puoi stare sicuro che anche per te è tutto a posto'. Se mi comporto così, riesce a mettere da parte anche il terrore per le porte che sbattono.

Dopo aver recuperato proporzioni accettabili, Viktor si rivela un incrocio tra un border collie e uno spitz. Dunque bisogna impartirgli compiti adatti per la sua razza.

Dopo aver esaurito tutti i giochi e gli stratagemmi, vedo sul canale Arte una trasmissione sulla dog therapy in Francia. Viktor sembra avere tutte le qualità richieste. Nel frattempo ha scoperto che gli piace fare amicizia con le persone, è obbediente e tenace in modo impressionante. Tuttavia una cosa gli manca: non è più un cane giovane in grado di apprendere gradualmente un determinato ruolo.

Malgrado ciò, prendo contatto con l'Associazione per le terapie a mediazione animale che seleziona i cani per le visite, chiamandoli cani terapeuti.

Viktor supera l'esame (che prevede esercizi per valutarne l'obbedienza e l'aggressività) senza errori e, a titolo onorario, ci permettono di frequentare un ospizio per anziani per i sei mesi successivi e far visita ai pazienti affetti da demenza senile. Io ho già studiato psicologia per poter svolgere la mia attività di terapeuta e ora frequento due corsi di specializzazione sulla demenza senile, per saperne di più su questa malattia. Intanto io e Viktor svolgiamo insieme una serie di esercizi finalizzati.

Ormai è da sei anni che ogni giovedì lavoriamo con i pazienti affetti da demenza senile all'ospizio 'La casa nel parco' e presso un polo integrato riabilitativo per il coma vigile.

Nel frattempo Viktor ha compiuto diciotto anni. È diventato cieco a causa di una cataratta ed è completamente sordo. Tuttavia continua a lavorare insieme a Tinka e Frieda, le due cagne che nel frattempo si sono aggiunte alla nostra famiglia. L'ho mandato in pensione già due volte per paura che si ferisse contro le sedie a rotelle o altri ostacoli, ma in entrambi i casi ha subito un tale crollo psicologico che ora credo sia meglio lasciar decidere a lui quand'è meglio smettere con il lavoro. Ormai ha memorizzato tutti gli esercizi e attraverso il contatto fisico posso dargli gli stessi segnali che una volta gli trasmettevo visivamente o a voce. Cammina in modo molto rigido, ma per il resto è assolutamente sereno. Gli capita di rado di urtare contro qualcosa e ha elaborato metodi straordinariamente creativi per individuare gli ostacoli. I suoi problemi gli hanno insegnato che è indispensabile acquisire determinate conoscenze, prendere decisioni consapevoli e cercare sempre una soluzione. E questo è di per sé un grosso vantaggio.

Tuttavia, il passato di Viktor si fa sempre sentire. Solo poco tempo fa, dopo ben otto anni di vita in comune, si è sdraiato sulla schiena per la prima volta per farsi grattare la pancia. Una sera stavo passando davanti alla sua cesta, quando l'ho visto guardarmi in modo strano con gli occhi ciechi. Allora mi sono chinata per accarezzarlo e lui si è rigirato sulla schiena, stendendo tutte e quattro le zampe ed emettendo un borbottio lungo e profondo che spezzava il cuore. Era come se una tensione spaventosa stesse uscendo da lui pian piano. E io ero felice per quello che stava succedendo, ma allo stesso tempo consapevole – ancora una volta – di vivere con un essere che non conosco completamente. Un cane che nasconde in sé dieci anni di sofferenza e riesce a liberarsene solo di tanto in tanto.

Malgrado ciò, il suo coraggio, la sua straordinaria voglia di vivere e l'amore che ormai da anni dona con gioia a me e agli altri hanno permesso a Viktor il vincitore di sconfiggere anche il suo passato.

Frieda e l'ordine del mondo

Si intuisce il suo sguardo attento. Gli occhi, che restano invisibili, sono sprofondati in due macchie ovali di un nero uniforme. Immagino che siano dello stesso colore. Il suo volto a chiazze bianche e nere mi fissa con aria enigmatica, fin troppo triste e consapevole, considerando che ha solo due anni. La posizione china, quasi rannicchiata, del corpo vuol dire: 'Ho paura!' Malgrado il timore, irradia una grande dignità. Una volta in Russia mi è capitato di vedere un cavallo brado con un'espressione simile, timida e orgogliosa.

La foto di Frieda è giunta fino a me attraverso l'universo di internet e mi ha colpita al cuore.

Un paio di settimane dopo faccio visita alla casa 'Animali in pericolo Grecia', dell'associazione protezione animali di Duisburg, località vicino a Düsseldorf. Dietro la vetrata lattiginosa del corridoio vedo molti cani appena arrivati dalla Grecia. Malgrado il vetro spesso e opaco, riconosco subito la testa pezzata di Frieda. Apro la porta: sei cani speranzosi si precipitano verso di me. Frieda invece resta immobile a testa china e si limita a darmi un'occhiata. È proprio come nella foto, ma ancora più bella, al punto che resto senza parole. Gli occhi sono chiari, ambrati, e si stagliano sulle due macchie nere del muso. Nonostante l'espressione tesa e impaurita, è impossibile non rendersi conto di quanto sia sveglia e intelligente. È come paralizzata e, quando comincio a carezzarla, il suo modo di scodinzolare sembra esprimere non tanto gioia al contatto, quanto sollievo vedendo che non le faccio niente di male. Il suo pelo è folto come quello di un orso bianco ed è attaccato a un sottopelo altrettanto spesso, incollato in grandi pezzi singoli. Soprattutto sulle zampe posteriori il pelo si apre come a ventaglio, facendo assomigliare Frieda a una signora dalle spalle troppo strette e i fianchi troppo larghi. È sporchissima e intorno al collo ha una chiazza gialla. Grazie alla protezione animali è ben nutrita, ma ha la muscolatura poco sviluppata e al tatto il suo corpo si rivela molle e flaccido.

Appena salita in macchina, Frieda si sistema subito sul sedile posteriore, dandoci le spalle, e nelle sette ore successive di viaggio non si sposta di un millimetro, pur non dormendo. Una posa appartata che non lascia dubbi sul suo desiderio di essere lasciata in pace. Anche se cercassi di convincerla a voltarsi con qualche parolina dolce, si sentirebbe senz'altro molestata.

Una volta arrivate a casa, già il normalissimo ingresso al cortile interno dove abito si rivela un incubo per Frieda. Deve passare infatti attraverso tre gigantesche porte cigolanti ed è terrorizzata da questi mostri. Non mi ero resa mai conto che cigolassero.

Apro la porta di casa, aspettandomi che Viktor ci corra incontro, felice. Ci capita spesso di ricevere la visita di altri cani. Quando a presentarsi alla nostra porta sono signore a quattro zampe, Viktor le saluta gentilmente, quando invece si tratta di signori, dipende dalla gentilezza degli altri se il loro arrivo è gradito o no.

Ma adesso il mio cane cieco resta in corridoio, immobile, con la testa inclinata di lato. Dà l'impressione di tendere spasmodicamente l'orecchio per captare eventuali rumori. Ma anche se non fosse sordo, i suoi sforzi sarebbero del tutto inutili, perché Frieda non fiata e se ne sta come paralizzata in corridoio. Anche il naso di Viktor rimane immobile. Non prova nemmeno a fiutare Frieda, ma sembra analizzare la situazione facendo appello ad altri sensi.

Senza degnarmi di uno sguardo, si allontana e sale le scale di casa, fissando Frieda con i suoi occhi ciechi. E lo fa assumendo una posizione insolita per lui. È molto irritato, si vede. Ha capito che questo nuovo cane non se ne andrà più.

Mostro a Frieda quella che sarà la sua nuova cuccia e, dopo che si è sdraiata, le mostro i confini del suo territorio. Lei capisce subito e si mette a mordere con occhi sfavillanti l'osso che le ho offerto.

Mi sveglio tre ore dopo che siamo andati a dormire per dare un'occhiata a Frieda. Si volta subito sulla schiena, agitando la coda. Felice, mi sdraio sul pavimento accanto a lei. Di colpo le sue pupille si dilatano per il terrore, comincia ad ansimare pesantemente. Mi prendo mentalmente a schiaffi perché l'ho impaurita con quest'improvvisa vicinanza e torno a letto.

La mattina dopo mi salutano due cani diversi. Uno che ha deciso semplicemente di ignorare Frieda e riprendere la vita di sempre e una invece che si arrischia a sperimentare cose nuove. Frieda imperversa per l'appartamento, giocando con un animale di peluche. Di tanto in tanto mi fissa sogghignando. Quando alza il labbro superiore, assomiglia a uno stranissimo cammello.

Non appena le metto il guinzaglio, abbassa subito testa e coda, preoccupata per quel che la aspetta. Vorrei portarla a fare la nostra prima passeggiata in Arnimplatz, una piazza del mio quartiere, Prenzlauer Berg. Ma cammino come sui carboni ardenti, perché Frieda punta tutte e quattro le zampe e non ha la minima intenzione di avventurarsi in questo mondo sconosciuto.

Così me la trascino dietro come un'aguzzina, e mi sento davvero un mostro, anche se per esperienza so che non c'è alternativa. Un animale così terrorizzato non arriverà mai da solo alla conclusione: 'Ah, adesso mi impegno e smetto di aver paura'.

Se non ha al fianco una guida autorevole che gli fa capire che non c'è niente da temere, il cane ricorre sempre alla stessa tattica. Se mi bloccassi di colpo anch'io, è come se le dicessi: 'Ohi, hai ragione, pericolo in vista! Anch'io ho paura, esattamente come te'.

Perciò avanzo implacabile verso Arnimplatz, trascinandomi dietro Frieda senza fermarmi. E, in effetti, dopo trecento metri si mette a camminare, pur arretrando terrorizzata ogni volta che vede venirci incontro una persona o un cane. Nel primo caso penso: fantastico, d'ora in poi ogni passante che incontriamo è come se fosse un terapeuta, perché senza saperlo dimostra a Frieda che non vuole farle niente di male. Un'intuizione che mi aiuta a non precipitare nelle sue stesse paure.

Invece scaccio via con una certa energia i cani sciolti che vorrebbero buttarsi su di lei, per farle capire che può fidarsi e che sono in grado di risolvere i problemi in modo pacifico. Quello che mi preme è dimostrarle che, nelle situazioni in cui si sente minacciata, troverà sempre in me una persona che non si limiterà a compatirla, ma che potrà anche difenderla.

Le prime due settimane Frieda è talmente spaventata che non riesce a sbrigare in strada né i bisogni grossi, né quelli piccoli. Quello che le ci vuole è il mio salotto silenzioso, oppure un cespuglio in cortile. Quando deve fare una visitina al cespuglio, io e Viktor dobbiamo aspettarla immobili in corridoio, perché se si sente osservata, Frieda rinuncia ai suoi propositi. Una volta per sbaglio Viktor fa capolino in cortile. Allora lei trae un profondo sospiro e si interrompe immediatamente.

Solo una volta che tutto è andato liscio, posso infilarmi con un sacchetto di plastica tra i cespugli.

Spesso a generare paura nel cane sono, ancor più che le esperienze negative vissute nel periodo di apprendimento, quelle che il cucciolo per qualche ragione *non* ha fatto. Se un cane apprende qualcosa attraverso un'esperienza negativa, in futuro potrà anche dimenticarselo. Ma se nel periodo di apprendimento *non* ha appreso una cosa, in seguito sarà più difficile recuperare.

Dal momento che l'hanno appesa in un sacchetto alla maniglia del canile di Padres quand'era ancora piccolissima, Frieda nei due anni che ha trascorso lì non ha potuto confrontarsi né con gli uomini, né con gli stimoli dell'ambiente circostante. E quindi non ne sa *niente*.

*

All'inizio l'occupazione principale di Frieda è sondare l'origine di quell'essere che appare quando si mette davanti allo specchio in salotto. Ogni volta che le capita di passare di lì, non può fare a meno di fermarsi e fissarsi negli occhi. A volte prende tempo e si piazza davanti allo specchio per contemplare immobile la sua immagine riflessa.

Ma anche gli altri oggetti che ci sono nell'appartamento sembrano attirare la sua attenzione. Frieda gira di qua e di là e osserva quadri alle pareti, ripiani affollati e soprammobili. Non mi era mai capitato di vedere un cane guardare qualcosa così a lungo e con tale concentrazione.

Un altro tratto del suo carattere è l'agitazione che prova se le cose cui è abituata cambiano. Una mattina stiamo percorrendo la solita strada quando, di colpo, si ferma davanti a una casa e, dopo averla fissata a lungo, comincia a ringhiare piano. Esamino la facciata alla ricerca di un indizio, quando mi rendo conto che Frieda sta ringhiando a un graffito che prima non c'era. Sono costretta a chiamarla due volte prima che si decida a seguirmi, perché l'aspetto mutato dell'edificio non le dà pace. In effetti Frieda mi fa notare ogni minimo cambiamento. Un vasetto di yogurt sotto una macchina, i rifiuti che traboccano da un cestino, un nuovo cartello di divieto di sosta – basta guardare lei e mi accorgo subito di tutte queste cose che il giorno prima erano diverse o non c'erano. Nota anche che il vaso sul tavolo del salotto – in genere colmo di fiori – oggi non c'è. E sono costretta a comprarne di freschi, per tranquillizzarla.

Evidentemente si trova a suo agio solo se le cose rimangono come sono e se l'assenza di cambiamenti le permette di riconoscerle. Anche con le persone che incontra è lo stesso. Al terzo incontro dà il benvenuto felice a quegli stessi esseri umani o cani che la prima volta evitava impaurita. In questi casi alza il labbro superiore in una smorfia e, roteando la coda come un'elica, accorre premurosa a salutare i suoi 'vecchi amici'.

La sera Frieda decide a che ora andare a letto in base al numero delle padelle che uso per cucinare. Se sul fuoco ne vede soltanto una, va a dormire, perché tanto Viktor pretenderà senz'altro di leccarla. Se invece ce ne sono due, resta in cucina in attesa della sua.

La terza mattina esco nuda dal bagno. Vedendomi, Frieda fa un scarto improvviso di lato come se l'avesse morsa una tarantola ed emette un verso simile a quello di una cornacchia. Più tardi capirò che è il suo modo per mettere in guardia qualcuno.

Mi riconosce soltanto quando sente la mia voce. Allora si avvicina lentamente e, con grande circospezione, sfiora col naso varie parti del mio corpo. Sembra straordinariamente sorpresa da questa metamorfosi. Non avevo mai riflettuto sul fatto che i cani devono trovare piuttosto strana la nostra capacità di 'fare la muta' ogni giorno. Per non parlare poi di quando perdiamo il pelo completamente.

Appena muovo un dito del piede, Frieda spicca il salto di nuovo, ma stavolta per catapultarsi proprio sulle mie dita e bloccarle con le zanne. Evidentemente è convinta che si tratti di animali assai bizzarri. Caccio un urlo di dolore e Frieda mi guarda sorpresa. Non sospettava proprio che queste bestie stranissime avessero qualche rapporto con me.

Dopo una settimana comincia a voltarsi stupita a guardare la gente per strada. Se fosse una persona, rimarrebbe a bocca aperta per la sorpresa. Le sembra davvero strano che nessuno le presti attenzione perché, in realtà, è ancora impaurita e continua a temere assalti imprevisti.

Dopo due settimane Frieda fa la prima piccola pozzanghera ai giardini di Arnimplatz. Mi congratulo con lei come se avesse vinto una medaglia d'oro alle Olimpiadi. Allora comincio ad accarezzare i cani altrui per dimostrare a Frieda – che intanto si nasconde spaventata dietro di me – che i cani berlinesi comunicano semplicemente in un modo diverso rispetto ai suoi simili del canile in Grecia. Sono un po' come gli abitanti stessi di Berlino: per rivolgersi a qualcuno prima hanno bisogno di brontolare un po'. Seguendo la mia mano, Frieda inizia ad avvicinarsi con circospezione ai cani che non conosce per annusarli.

Ma se incontriamo un cucciolo, Frieda dimentica la sua timidezza e si trasforma in un cane felice ed esuberante. Non vorrebbe mai smettere di giocare con i cuccioli e non si arrabbia mai se nel loro entusiasmo fanno qualcosa che non va. Perciò decido di farla lavorare con me nel gruppo della mia scuola riservato ai cuccioli. Frieda è talmente felice di stare con loro che smette di aver paura degli estranei che li accompagnano. Dopo qualche tempo stringe persino amicizia con i partecipanti, che restano sbalorditi vedendola rimanere immobile sulla sua coperta mentre svolgiamo gli esercizi. Frieda infatti si azzarda a lasciarla solo durante le pause, quando la chiamo. Siccome anche loro hanno preso da poco i loro cuccioli, l'esempio di Frieda li fa ben sperare.

Anche se adesso le fa piacere incontrare altri cani, Frieda capta subito le situazioni di potenziale tensione. Ad esempio non le piace affatto quando le si avvicina un cane con una forte energia. In questo caso emette il suo verso da cornacchia e gli sbarra imperiosamente la strada, mettendosi di traverso. I suoi simili, impressionati dalla reazione, non osano toccarla. Frieda ha già insegnato ad alcuni cani del quartiere un approccio più garbato, costringendoli a fermarsi, tranquillizzarsi e poi avvicinarsi a passo di danza. Altri invece fanno il giro intorno a lei, per evitarla.

Parlando con la direttrice dell'associazione per la protezione degli animali di Duisburg vengo a sapere che un cane proveniente dallo stesso canile greco di Frieda è stato riportato indietro dalla famiglia tedesca cui era stato affidato, perché aveva reazioni inconsulte se i bambini lo toccavano da dietro. Come Frieda, anche lui è un cane affettuosissimo, la famiglia non riusciva a spiegarsi quel comportamento ed era molto spaventata.

«Anche Frieda reagisce allo stesso modo, se spazzolandola le tocco il sedere, oppure per sbaglio la afferro da dietro. Gli occhi le diventano quasi neri e perdono la loro dolcezza. È talmente terrorizzata e pronta a difendersi che la prima volta che è successo sono rimasta scioccata» le spiego. «Quand'era in Grecia deve essere stata violentata spesso da altri cani, temo» aggiungo sottovoce.

Dopo una breve pausa la direttrice mi corregge, in tono altrettanto flebile: «Non erano cani».

Resto talmente di sasso che non riesco a dire o domandare altro. Ora capisco perché scappa via quando mi spalmo la crema sulle mani o perché si mette a ululare disperata se un cane vuole montarla. Ci metto un po' a elaborare la notizia.

Ma ci vuole ancora di più perché la vera personalità di Frieda riesca a manifestarsi, malgrado tutte le timidezze e le paure. L'istinto del cane da difesa si fa sentire solo due anni dopo, quando comincia a tenere a distanza gli 'invasori' dai posti in cui mi trattengo per più di due minuti. In questi casi Frieda assume una posizione da sentinella e lancia segnali d'avvertimento a tutti i cani che provano ad avvicinarsi. Ma se quel cane facesse parte del nostro gruppo, Frieda difenderebbe anche lui. Se non avessi imparato a fermarla con un battito di ciglia, avrei dei seri grattacapi, perché chiaramente anche gli altri cani devono poter passare dove siamo noi due, in piedi, sedute o accampate.

All'interno del branco Frieda avrebbe svolto senz'altro la funzione della 'poliziotta' che controlla ogni cosa e pensa alla sicurezza generale. Lo avrebbe fatto attenendosi alle sue regole personali (ammesso che il capobranco non ne volesse imporre altre). Ma la cosa migliore per lei sarebbe se le cose rimanessero sempre dove e come sono. I cambiamenti la irritano e la inquietano.

In questo momento è impegnata ad abbaiare in faccia a un Babbo Natale dipinto su un ceppo d'albero piccolo e un po' sghembo nel giardino di casa di un'amica. In genere Frieda non abbaia mai e la sua voce isterica assume toni sempre più striduli. È quasi tre anni che passiamo davanti al giardino della mia amica. Vedeva sempre tutto al suo posto, mai un cambiamento. E ora, di colpo, un intruso ha infranto l'ordine delle cose.

Mi tocca allontanarmi un bel po' prima che Frieda decida di soprassedere al suo sdegno. Il ceppo sconosciuto la inquieta al punto che, anche a mezzo chilometro di distanza, continua ad abbaiare e a voltarsi indietro con aria indignata.

Non può sapere che le festività natalizie passeranno presto e l'ordine del mondo verrà ripristinato.

Tinka l'astronave

Tinka vive in un universo a sé. E quest'universo è popolato da individui dotati di mani solo per poterla accarezzare.

Anche i piedi sono stati creati allo stesso scopo. Se una persona è seduta su una panchina al parco con le gambe accavallate, Tinka si precipita sul piede sospeso e ci strofina beatamente contro la testa fulva, pezzata di bianco. Cosicché io mi ritrovo un cane felice, ma con la testa nera.

Anche la meravigliosa operazione dell'allacciarsi le stringhe è stata concepita appositamente perché Tinka potesse infilare la testa tra le mani per farsi accarezzare. E la gente perde le cose solo per grattarle un po' la testolina, dopo aver raccolto l'oggetto che Tinka ha puntato subito. Così come l'apertura e la chiusura di scatoloni, ceste e casse servono soltanto a far incontrare all'altezza del suolo le mani degli umani e la testa di Tinka.

Se qualcuno fissa Tinka per un centesimo di secondo è senz'altro per farle capire che ha un bisogno irrefrenabile di carezzarla. Altrimenti non l'avrebbe guardata così a lungo.

Se per mezz'ora nessuno la guarda o la tocca, Tinka fa roteare in aria le sottili zampe anteriori come se fossero le braccia di un lottatore e, tenendosi in equilibrio su quelle posteriori, 'attracca' alla gamba del primo che le capita a tiro. E gli preme addosso i suoi sette chili con un impeto tale che il passante sconosciuto pensa subito che quella cagnolina abbia atteso soltanto lui per tutta la vita.

E, in effetti, è così. Ogni singola volta.

Tinka entra a far parte della nostra famiglia nel dicembre 2009 e già nel gennaio 2010 un gigantesco paradiso di carezze le spalanca le porte, non appena visita per la prima volta la 'Casa nel parco'. Qui lavoro con i malati di Alzheimer insieme a Viktor e Frieda. Mentre loro due attendono di entrare in azione, Tinka fissa i presenti con occhi vitrei. L'offerta di mani pronte alle carezze è talmente spropositata da sconcertare perfino lei. Prima scodinzola col suo mozzicone di coda, poi con il didietro e infine con tutto il corpo. La spinta propulsiva è tale da scaraventarla quattro metri più in là, esattamente ai piedi di una signora che espira affannosamente per esprimere la sua gioia.

«Anch'io, anch'io!» grida una vecchietta indignata, perché per il primo atterraggio Tinka ha scelto proprio la sua nemica giurata. Allora la cagna si precipita da lei e le balza sul grembo. La signora, altrimenti sempre così polemica, scoppia a piangere, la abbraccia ed esclama commossa: «Lo vedete? Mi vuole bene!»

Da un anno a questa parte, ogni giovedì alle dieci, Tinka ha scoperto il paradiso in terra, interrotto ahimè da quelle incombenze che spettano a un cane terapeuta. Come, ad esempio, aspettare mentre preparo un nuovo esercizio.

Ma nell'universo di Tinka si verificano anche sconvolgimenti ben più gravi cui, secondo lei, occorre assolutamente porre rimedio. Per esempio quando a essere accarezzato è un altro cane.

Mi metto a coccolare un terrier tibetano di otto settimane che fa parte della cucciolata della cagna di un'amica. Se ne sta sdraiato beatamente sulla schiena e addenta l'aria con i dentini aguzzi.

Un affronto per Tinka. Massima allerta.

Cerca di infilare la testa tra le mie mani fedifraghe. La spingo via perché adesso non è il suo turno. Deve imparare che, di tanto in tanto, ci sono anche delle pause. Visto che questa tattica non funziona, si rannicchia accanto al cucciolo, osservandolo con un occhio solo. Poi comincia a mordicchiare l'aria proprio come lui, e non credo di sbagliarmi se dico che sta addirittura imitando la sua aria beata.

Ogni tanto mi lancia un'occhiata per controllare se la sua interpretazione è convincente. Come cucciolo-sosia riscuote subito un gran successo: la mia amica infatti non riesce a trattenersi e si mette ad accarezzarla ridendo.

Per spiegare l'universo di Tinka in teoria basterebbe fermarsi qui, se non fosse necessario aggiungere che in Grecia sarebbe morta su un cumulo di immondizie, nel caso in cui la protezione animali non l'avesse ritrovata. Una drammatica fotografia immortala questo giorno. Tinka, che all'epoca doveva avere un anno circa, sembra decrepita. Per distinguerla dalla spazzatura bisogna aguzzare la vista. Una crosta nera in suppurazione spessa un dito le circonda gli occhi e il naso fino alla radice. Il dolore che ha provato deve essere stato tremendo.

Viene dallo stesso canile greco da cui è arrivata anche Frieda.

C'è voluto un anno per capire come mai Tinka avesse gli occhi e il naso così infiammati. Alla fine la diagnosi è stata la seguente: lupus. Una disfunzione delle cellule che trasforma i raggi del sole in una maledizione. E in Grecia il sole splende quasi sempre. Un cane randagio non ha possibilità di ripararsi in uno spazio chiuso.

Al centro della protezione animali le somministrano del cortisone. A poco a poco le croste scompaiono, ma l'infiammazione perdura ostinata. L'associazione di Duisburg pubblica una foto e un video della cagnolina sul sito internet di 'Animali in pericolo Grecia'.

*

Faccio una capatina sul sito il 28 novembre 2009.

Sono alla ricerca di una compagna di giochi per Frieda che sta diventando sempre più solipsistica.

Passo in rassegna tutti i cuccioli. Soprattutto le femmine (vorrei risparmiare a Viktor concorrenti diretti).

Vado al link intitolato 'Cani in pericolo'.

E in fondo alla pagina...

L'ultima foto...

Succede sempre così quando ci ritroviamo davanti qualcuno che abbiamo scelto di amare.

Dopo l'arrivo di Tinka un veterinario di Berlino specializzato in oftalmologia appura che non ha più l'orlo delle palpebre. Il lupus se l'è divorato. Di conseguenza le palpebre scivolano all'interno e le ciglia sfregano in continuazione sui bulbi oculari. Anche prescindendo dal fatto che tutto ciò è estremamente doloroso e le ha provocato una infiammazione cronica, la cornea ormai è diventata porosa e Tinka prima o poi perderà la vista se non si cercherà di rimediare in qualche modo. Bisogna aspettare che si sia ambientata e poi sottoporla subito a un'operazione.

Nell'estate 2010 il nostro veterinario esegue un intervento-capolavoro, tendendo le palpebre all'ingiù e riportando le ciglia all'esterno.

Otto giorni dopo l'operazione i punti sotto gli occhi sono già guariti. L'infiammazione migliora. Gli occhi cessano di lacrimare.

Durante questo periodo Tinka deve portare in testa una cuffia di plastica, per non togliersi i punti prima del tempo. Il problema non è tanto il peso, quanto il non poter 'attraccare' alle gambe dei passanti, perché la cuffia le è di intralcio.

Dopo un po' escogita una tecnica speciale per riuscire comunque nel suo intento. Tende la testa molto in fuori e appoggia la parte aperta della cuffia alle gambe delle persone. Con la cuffia in testa Tinka sembra davvero un'astronave.

Due mesi fa, dopo averla sottoposta a un'ecografia, il veterinario le ha diagnosticato un difetto cardiaco. Il muscolo funziona troppo poco. In un primo momento sono rimasta davvero male. Perché il destino deve accanirsi così su questa cagnolina?

Telefono singhiozzando a un'amica e le racconto che Tinka non solo ha (e avrà per sempre) il lupus, ma anche questa disfunzione cardiaca.

Lei mi dice in tono tranquillo: «Maja, calmati. Ora ha qualcuno che pensa a lei. E questa è la cosa più importante».

Lancio un'occhiata al sedile accanto. Tinka è sdraiata sulla schiena e, con una smorfia, agita in aria le zampe per farsi accarezzare meglio sulla pancia.

Sono costretta a ridere.

Che bello che un cane ci ricordi che cos'è la fortuna.

Breve prontuario canino

Dal momento che questo libro non è un manuale su come si allevano i cani, ma si sofferma piuttosto sulla descrizione dei rapporti che possono instaurarsi tra uomo e cane, in quest'appendice vorrei chiarire alcuni concetti che utilizzo nel mio lavoro.

Avvertire / dire 'stop'
Tra i cani dire 'stop' è fondamentale. Quando in caso di pericolo il capobranco deve fermare il gruppo o un suo singolo componente, spiegare che una cosa è tabù, oppure interrompere un certo comportamento, emette un verso che equivale a un avvertimento. La maggior parte dei cani ringhiano, ma possono utilizzare anche altri avvertimenti; ad esempio, la mia cagna Frieda gracchia come una cornacchia. Anche in questo caso ciò che conta non è la modalità del suono, bensì il tipo di energia che si irradia.

Anche i cuccioli o i cani sfacciati possono ringhiare quanto vogliono, ma un cane autorevole non li starà mai ad ascoltare. Inoltre, non tutti i cani ringhiano. Ce ne sono anche alcuni che passano all'azione senza alcun tipo di avvertimento, oppure che preferiscono comunicare abbaiando.

Noi esseri umani, crescendo, impariamo a comunicare in modo completamente diverso. Fin da piccoli ci viene spiegato che cosa dobbiamo fare. E anche noi lo spieghiamo agli altri, oppure gli illustriamo le nostre azioni. Ad esempio, adesso sto spiegando il linguaggio dei cani.

Al nostro cane siamo abituati a dire: «Torna al tuo posto. Seduto! Resta lì!»

Quasi tutti i cani del mondo a questo comando si siedono al posto indicato e attendono impazienti il segnale di via libera.

È un po' come se vi impartissi il seguente compito: e ora, care lettrici e cari lettori, sorridete!

...

Ancora!

...

Ancora!

...
Continuate a sorridere.
Non resistereste molto, credo.

Il capobranco invece non impartirebbe un compito a un altro cane, facendogli fare qualcosa nel posto in cui deve rimanere ('Resta lì'). Perché il punto è che il cane in quel momento non deve proprio fare *niente*.

L'ideale sarebbe dichiarare tabù lo spazio intorno al vostro cane, ammonendolo con un segnale se accenna ad allontanarsi. Vi consiglio di non ringhiare, ma di usare un verso tipo 'pshhh' o 'shhh', perché per esperienza posso assicurarvi che il suono di parole come 'no', 'pussa' o 'via' non va bene. Essendo abituati a comunicare attraverso la parola, diremmo infatti senza accorgercene: «No! Pussa! Via! Lascia!» Quindi almeno quattro parole di seguito, che non verrebbero percepite come 'stop'e non porterebbero a niente.

Restereste fermi a un semaforo se per quattro volte di fila dopo il giallo scattasse il verde? Certo che no. Pensereste di avere a che fare con un semaforo rotto, perché dopo lo 'stop' non vedete mai il rosso.

Utilizzando rumori cui non siete abituati come 'pshhh' o 'shhh', teoricamente dovreste concentrarvi meglio sul fatto che – se il cane non interrompe quello che sta facendo – dovrà conseguirne immediatamente qualcosa. L'errore fondamentale che la gente commette è dire dieci volte di fila 'stop' senza fare assolutamente nulla se il cane non si ferma, oppure punirlo in modo spropositato (spesso senza neppure avvertirlo), perché si è esasperati. Se invece volete comportarvi in maniera convincente, dite sempre prima 'stop' ('pshhh', 'shhh', 'ssst') e poi intervenite subito se il cane non desiste dal suo comportamento.

Qualsiasi cane associa istintivamente lo 'stop' (altrimenti definito in molti manuali 'segnale di interruzione') a quello che sta facendo in quell'*esatto* secondo.

Se il cane non reagisce, si può intervenire attaccando (secondo la variante 'umana'), oppure ricorrendo a un contenimento.

Attacco

La cagna a capo del mio branco russo, Laska, interveniva quasi esclusivamente così, quando non riusciva a interrompere un'azione ringhiando. La sua reazione era molto decisa, ma mai sproporzionata. Mai che abbia ferito un cane. Eseguiva l'operazione con voluta disinvoltura. Zac, salto in avanti, morsetto senza conficcare le zanne nella carne, zac, salto all'indietro (non appena il cane si era calmato).

Potete imitarla dando al cane un colpettino breve ma risoluto con due dita tese (personalmente uso l'indice e il medio). Provate prima sulla parte superiore del vostro braccio per sperimentare l'effetto. Fate attenzione a non colpirlo sulla testa, ma su un altro punto del corpo o sullo sterno, per non ferirlo per sbaglio in un occhio. Una variante più decisa potrebbe essere un lieve pizzicotto per imitare il morso.

Contenimento

Invece il capobranco russo Wanja non attaccava quasi mai, preferendo ricorrere ad azioni di contenimento di ogni genere e tipo.

Per contenimento intendo qualsiasi movimento finalizzato a contenere e circoscrivere i movimenti altrui.

A seconda del cane e della situazione, si va da un cenno del capo a un passo in avanti fino a uno spintone deciso.

In base alle mie osservazioni (ovviamente soggettive), il contenimento è lo stratagemma cui un capobranco ricorre più spesso per delimitare una zona. Dal momento che i cani sono più piccoli di noi, quando cerchiamo di contenerli abbiamo la tendenza ad avanzare piegando il busto in avanti. Ma è un errore, perché una mossa del genere viene recepita come una minaccia. E l'importante è circoscrivere la loro libertà di movimento, non minacciarli. Per contenerli con un movimento che coinvolga tutto il corpo o la parte superiore del corpo, si consiglia un affondo con la gamba che aiuti a mantenere il busto eretto.

Anche noi esseri umani limitiamo quotidianamente i movimenti altrui e reagiamo ai contenimenti in base all'energia che vi intravediamo dietro. Ad esempio, quando camminiamo in una strada affollata o in un centro commerciale, decidiamo in una frazione di secondo chi schivare. Se non fossimo in grado di percepire l'energia di chi ci viene incontro, finiremmo per scontrarci in continuazione. Se una persona avanza a passo veloce e deciso, le faremo largo istintivamente (a meno di non essere così sbruffoni da metterla sul piano della sfida). Ma se vedremo qualcuno che cammina ingobbito, tireremo dritto senza scansarci.

Ecco una delle poche azioni che compiamo *senza* riflettere, proprio come i cani. Forse è per questo che funziona così bene!

Se guidando il vostro cane siete in grado di prendere una decisione senza pensarci troppo e di 'tirare dritto' senza esitazioni, significa che ce l'avete fatta. Anche il cane reagirà istintivamente, affidandosi alla vostra energia.

Considerate, ad esempio, come nel mondo degli umani si salutano capi e impiegati. L'impiegato si fermerà d'istinto, in attesa che sia il capo ad avvicinarsi. Se fosse lui ad andare verso il capo, violerebbe il suo spazio e l'aura di prestigio che lo circonda. E il capo con la sua reazione glielo farebbe capire senz'altro.

I cani sono molto più attenti di noi al significato di queste interazioni. Se il vostro cane vi salta addosso per rimproverarvi (alcune persone la prendono per una manifestazione di gioia) e voi lo ignorate, oppure vi scansate, non potrà fare a meno di pensare che non siete in grado di comandare. Anche se il vostro capo vi permettesse di frustarlo sulla schiena, giungereste alla medesima conclusione. (Nota bene: non sempre quando il cane salta addosso a qualcuno, lo fa per rimproverarlo.)

Ma quel che conta non è tanto la esecuzione corretta del contenimento, quanto il tipo di energia che si irradia. Come cx intcrprctc c cantautricc potrci proporvi lo stcsso pezzo, eseguito prima in maniera impeccabile ma fredda, e poi una seconda volta, in modo non così perfetto ma espressivo. Se siete una persona sentimentale, preferirete sicuramente la variante 'emotiva'. I cani si comportano allo stesso modo. Da un punto di vista tecnico, non 'parleremo' mai la lingua canina meglio di loro. Ciò non toglie che si possa cercare di persuaderli con la nostra energia emotiva, dimostrandoci tranquilli, autorevoli e risoluti.

Energia

L'energia che finora mi ha permesso di lavorare bene con tutti i cani che ho incontrato è legata alla capacità di irradiare fermezza. Secondo me fermezza significa sapere sempre quello che si fa, essendo convinti che in quel momento è la cosa giusta.

Una persona che trasmette aggressività o eccessiva debolezza non sarà mai in grado di dimostrare a un cane la propria autorevolezza o di convincerlo di saper proteggere il gruppo.

Se il vostro aereo precipitasse nella giungla e voi vi salvaste per miracolo insieme agli altri passeggeri, per attraversare questa regione sconosciuta non scegliereste come capo chi urla più forte, né chi è più educato. Neppure i muscoli di un bodybuilder o l'intelligenza di un docente di fisica hanno molto a che vedere con la capacità di guidare un gruppo. Invece scegliereste sicuramente chi ha conservato il sangue freddo e ha saputo prendere la prima decisione importante per il bene di tutti. Da una persona del genere ci si può aspettare che anche in futuro sappia mantenere la lucidità, garantendo la sopravvivenza del gruppo.

Okay

Ma è importante anche saper spiegare al cane che dopo uno 'stop' può tornare a fare quello che vuole. Per un capobranco sarà sufficiente 'cambiare energia' e mostrarsi più rilassato.

Siccome per esprimere i nostri sentimenti utilizziamo spesso la lingua, basterà dire 'okay', perché in genere mentre lo diciamo anche il nostro corpo riflette questa specie di rilassamento ('Ora è tutto okay'). Un mimo ovviamente sarebbe in grado di dirlo anche senza ricorrere alle parole.

Quindi, dopo che i vostri cani al parco vi hanno seguito per un po', provate a fargli capire che possono ricominciare ad andare dove vogliono con un allegro e convinto 'okay'. Vedrete che lo interpreteranno automaticamente come la fine dello 'stop'. A eccezione dei più insicuri e spaventati che, con la loro mimica, vi chiederanno più volte se possono davvero ritenersi liberi.

Nel mio lavoro ricorro fondamentalmente a due suoni: 'shhh' e 'okay'. Non ho bisogno d'altro. Tutte le situazioni quotidiane si possono risolvere così.

Condizionamenti

Quando abituiamo il cane a fare qualcosa con i dolcetti, i segnali condizionanti come 'seduto', 'cuccia' o 'alt' funzionano finché il nostro beniamino non vede un 'dolcetto' più grosso. Che può essere uno scoiattolo, una lepre, un cinghiale, un uccello, un capriolo o un altro cane.

Non bisogna stupirsi se il cane perde la testa vedendo della selvaggina in movimento. Per un cane non esiste praticamente ricompensa maggiore del permesso di cacciare. Ma anche nel caso in cui il vostro cane sia poco o nient'affatto portato per la caccia, avrà sicuramente un altro hobby contro cui nulla potranno lodi o dolcetti. Inoltre, non ha motivo di starvi ad ascoltare, perché finora non ha seguito voi, bensì la conferma positiva (il dolcetto) e, per garantirgliela, una lepre è più che sufficiente.

Tutti i segnali come 'seduto', 'cuccia', 'alt', 'qui' eccetera si basano su un riflesso condizionato. Bisogna tenerlo a mente. Un capobranco non dice a un suo simile 'cuccia' dandogli un dolcetto. È grazie al suo carisma di guida che riesce a farlo rimanere al suo posto quando vuole. E, per giunta, il cane non è neanche costretto a sedersi.

Questi segnali sono utilissimi per far assumere rapidamente al cane la posizione desiderata. Vanno bene anche come passatempo o per apprendere nuovi giochi. Non dimenticate infatti che per un cane 'cuccia' significa tanto un 'ruolo' da impersonare, quanto un trucco già collaudato. Ma è impossibile essere sicuri della loro riuscita, perché così facendo vi collocate con il cane a un livello di apprendimento condizionato, senza instaurare un dialogo nella sua lingua madre.

Di regola, un cane affetto da una grave fobia non si interessa ai dolcetti, se si tratta di affrontare l'oggetto o il soggetto della sua paura. Neppure in questo caso il controcondizionamento o la desensibilizzazione si dimostrano efficaci, perché il cane non vuole più i dolcetti.

Prendete quei cani che seguono o precedono tremanti i loro padroni e abbaiano terrorizzati. Riuscite a immaginarveli all'interno di un branco? A me non è mai capitato di assistere a una scena simile quando è un *cane* a guidare il branco.

Facciamo un'ipotesi: attraverso un riflesso condizionato vi convinco ad abbaiare a ogni fermata dell'autobus, regalandovi di volta in volta dieci euro.

Non è un comportamento particolarmente intelligente, ma di certo un modo per guadagnare soldi in fretta. Per di più, ogni volta mi dichiaro entusiasta del vostro comportamento.

Ma un bel giorno a una fermata si apposta un tizio che regala banconote da cento. Vi dimenticate di abbaiare e correte da lui. Resto lì da sola e grido: «Che fate? Tornate qui! Abbaiate!» Ma voi non mi date più retta. In primo luogo sentite soltanto il fruscio dei bigliettoni, in secondo luogo, non avete il benché minimo motivo di starmi ad ascoltare. Anche se non lo fate, non succede niente, quindi potete decidere autonomamente se ne vale la pena.

Inoltre, abbaiare alla fermata dell'autobus non rientra certo tra le forme di comunicazione per voi più naturali e perciò è logico che in una situazione di scompiglio emotivo ve ne dimentichiate.

L'azione in sé non ha e non avrà mai senso. Però ne consegue qualcosa di positivo. Vi do dei soldi, dichiarandovi tutta la mia ammirazione. Il cervello è programmato per ripetere quanto accade di positivo. È così che si innesca il condizionamento positivo.

Tuttavia questo meccanismo funziona finché non succede qualcosa di ancora più positivo, o più connaturato al vostro modo di essere.

Lunga

Io utilizzo lunghe – guinzagli di lunghezza notevole che possono essere anche funicelle di cuoio leggero, di quelle che si trovano nei negozi per il fai da te (variante economica), munite di un moschettone da attaccare al collare o ai finimenti del cane. Ma uso volentieri anche lunghe di pclle.

Con la lunga riesco a rimpiazzare le due zampe che mi mancano per correre velocemente come un quadrupede. Si attacca facilmente al cane, che se la trascina dietro per terra, e deve essere commisurata al peso e alla taglia. Ad esempio con un chihuahua eviterò pesanti lunghe di pelle e con un ridgeback non userò funicelle sottili di cuoio. Il cane deve infatti sentirsi libero e non impacciato. Nella maggior parte dei casi, all'aria aperta ci vogliono lunghe sui cinque metri, negli spazi chiusi ne bastano un paio.

Non uso la lunga per tirare il cane verso di me, ma per assicurarlo semplicemente a me e tenere il suo passo. Per noi come esseri umani è importante acquisire un rapporto sempre più corporeo con il cane. Un guinzaglio cui si dà uno strattone non potrà mai dirgli che cosa vogliamo – o un dolcetto come distrazione cosa *non* vogliamo. Noi invece sì. Eppure abbiamo dimenticato che per comunicare disponiamo anche di un corpo, esattamente come i nostri cani.

Fotocomposizione:
Nuovo Gruppo Grafico s.r.l. - Milano

Finito di stampare
nel mese di febbraio 2012
per conto della Adriano Salani Editore S.p.A.
dalla Grafica Veneta S.p.A.
di Trebaseleghe (PD)
Printed in Italy